油气生产信息化建设培训系列教材

油气田生产数据通信与网络传输

《油气田生产数据通信与网络传输》编写组　编

石油工业出版社

内 容 提 要

本书为油气生产信息化建设培训系列教材之一。全书共分 9 章，主要介绍计算机网络概念、物理层、数据链路层、网络层、运输层、计算机网络设备以及网络安全、无线网络等内容。本教材主要面向从事油气生产信息化建设项目的方案设计、施工组织、项目监督以及项目主管人员，系统管理、综合运维人员，目的在于提升现场技术人员网络搭建、运维以及网络设备的操作技能，确保油气生产信息化建设工程质量。

图书在版编目(CIP)数据

油气田生产数据通信与网络传输 /《油气田生产数据通信与网络传输》编写组编. —北京：石油工业出版社，2017.6

油气生产信息化建设培训系列教材

ISBN 978-7-5183-1934-3

Ⅰ.①油… Ⅱ.①油… Ⅲ.①计算机网络—应用—油气田—技术培训—教材 Ⅳ.①TE4-39

中国版本图书馆 CIP 数据核字(2017)第 124784 号

出版发行：石油工业出版社

(北京安定门外安华里 2 区 1 号 100011)

网　址：www.petropub.com

编辑部：(010)64256770

图书营销中心：(010)64523633

经　销：全国新华书店

排　版：北京密东股份有限公司

印　刷：北京中石油彩色印刷有限责任公司

2017 年 6 月第 1 版 2017 年 6 月第 1 次印刷

787×1092 毫米 开本：1/16 印张：10.5

字数：270 千字

定价：34.00 元

(如出现印装质量问题，我社图书营销中心负责调换)

《油气生产信息化建设培训系列教材》
编　写　组

主　　　任：陈锡坤

副　主　任：郭万松　张玉珍　耿延久

编委会成员：鲁玉庆　段鸿杰　邴邵强　李兴国　张国春
　　　　　　王吉坡　孙树强　孙卫娟　蔡　权　时　敏
　　　　　　匡　波

审　核　人：王克华　段鸿杰

本册主编：陈宪德　王吉坡

本册编写人员：王吉坡　孙卫娟　赵瑞娟等

统　稿　人：郭念田　孙卫娟　田　宁

序

当今世界，信息化浪潮席卷全球，互联网、大数据、云计算等现代信息技术迅猛发展，引发经济社会深刻变革；信息技术日新月异的更新发展给人们的日常生活、工农业生产带来重大影响的同时，引发智能制造的新一轮产业变革。

“没有信息化就没有现代化”，国家站在时代和历史的高度，准确把握新一轮科技革命和产业革命趋势，相继出台了“中国制造2025”“互联网+”行动“大数据发展行动”“国家信息化发展战略”等重要战略工作部署和安排，目的在于发挥我国制造业大国和互联网大国的优势，推动产业升级，促进经济保持稳定可持续发展。

信息技术发展突飞猛进，给传统产业提升带来了契机，信息化与工业化“两化融合”已势不可挡。纵观国内外石油石化行业，国际石油公司都非常重视信息化建设，把信息化作为提升企业生产经营管理水平、提高国际竞争能力的重要手段和战略举措。世界近90%的石油天然气企业实施了ERP系统，一些企业已经初步实现协同电子商务。国际石油企业每天有超过50万的各级管理人员通过全面集成的管理信息系统，实现企业的战略、勘探、开发、炼化、营销及人财物等全面管理。埃克森美孚、壳牌、BP、雪佛龙德士古、瓦莱罗等国际石油公司通过信息系统建设，使企业资源得以充分利用，每个环节都高效运作，企业竞争力不断提高。国际石油公司信息化建设表明，信息化建设不仅促进了管理流程的优化，管理效率和水平的提升，拓宽了业务发展，而且给企业带来巨大经济效益，提升了核心竞争力。

中国石化作为处于重要行业和关键领域的国有重要骨干企业，贯彻落实党中央的决策部署，加快推进“两化”深度融合，推动我国石油石化产业升级，是义不容辞的责任。同时，中国石化油田板块一直面临着老油田成本快速上升、盈利能力下降的生存问题，特别是在国际油价断崖式下跌的新形势下，要求我们创新变革、转型发展，应对低油价、适应新常态。

“谁在‘两化’深度融合上占据制高点，谁就能掌握先机、赢得优势、赢得未来”。集团公司着眼于“新常态要有新动力”，审时度势，高瞻远瞩，顺应时代发展需求，作出“以价值创造为导向，推动全产业链、全过程、全方位融合，着力打造集约化、一体化经营管控新模式，着力打造数字化、网络化、智能化生产运营新模式，着力打造“互联网＋”商业新业态，加快推进“两化”深度融合，着力打造产业竞争新优势”的战略部署，全力推进油田企业油气生产信息化建设。

油气生产信息化建设是集团公司和油田企业转方式调结构，提质增效的重要举措，是油田油公司改革的重要技术支撑，是老油田实现可持续发展的必然选择。按照《油气生产信息化建设指导意见》要求，到“十三五”末全面实现油气生产动态实时感知、油气生产全流程监控、运行指挥精准高效，全面提高油气生产管理水平，促进油田管理效率和经济效益的提升。油田板块油气生产信息化建设工作，就是在对油田板块信息化示范建设总结提高的基础上，依靠成熟的信息技术，根据不同的油气田生产建设实际，明确建设标准与效果，整体部署可视化、自动化、智能化建设方案，为油田板块提质增效、深化改革和转型发展提供强有力的支撑。生产信息化建设的内容就是围绕老区生产可视化、新区自动化、海上及高硫化氢油区智能化，确定分类建设模板，建成覆盖油区的视频监控系统，建成满足生产管理要求的数据自动采集系统，建成稳定高效的生产网络，建成统一生产指挥平台，打造油气田开发管理新模式。

近几年来，国内长庆油田、新疆油田、胜利油田等各大油田在信息化建设方面作出有益的尝试和探索，取得显著效益。胜利油田自 2012 年 6 月始，开展了以“标准化设计、模块化建设、标准化采购、信息化提升”为核心的油气生产信息化建设工作部署，取得了很好效果，积累了宝贵经验，为信息化建设全面推广奠定了基础。生产信息化示范建设的实践表明，油气生产信息化是提高劳动生产率，减轻员工劳动强度，减少用工总量的有效手段；是提高精细化管理水平，提升安全生产运行水平的重要支撑；对于油田企业转方式调结构，推进油公司体制机制建设，打造高效运行、精准管理、专业决策的现代石油企业具有重要的指导作用。

“功以才成，业以才行”，没有一支业务精、技术强、技能拔尖的信息化人才队伍，没有信息化人才的创造力迸发，技术创新，油气生产信息化建设就难以取得成效。加强信息化技术人才队伍建设，培养造就一批信息技术高端人才和技能拔尖人才，全力开展和加强职工信息技术培训，事关油气生产信息化建设成败大局，因此，加大加快信息化人才培养培训力度，畅通信息化人才成长通道，是当务之急，时不我待。

世界潮流，浩浩荡荡。信息技术方兴未艾，加快推进石油石化工业和信息化深度融合，全面加强油气生产信息化建设工作，打造石油石化工业发展的新趋势、新业态、新模式，提升中国石化的核心竞争力，是时代赋予我们的义不容辞的责任。让我们团结在以习近平同志为核心的党中央周围，以更加积极进取的精神状态、更加扎实有为的工作作风，抓住历史机遇，深化“两化”融合，为油田板块提质增效、转型发展作出积极贡献。

陈锡坤

2017 年 2 月

前　言

中国石油化工集团公司积极贯彻国家信息化发展战略，顺应时代发展需求，着眼于“新常态要有新动力”，审时度势，高瞻远瞩，吹响转方式调结构，提质增效的号角，适时作出全力推进石油化工工业与信息化的深度融合，加快推进油田企业油气生产信息化建设的战略部署。油气生产信息化建设就是通过对油气生产过程选择性地实施可视化、自动化和智能化，为井站装上“大脑”和“眼睛”，实现生产管理“零时限”，全面提升油气生产管理水平，打造“井站一体、电子巡护、远程监控、智能管理”的油气田开发管理新模式。

油气生产信息化建设的推进，改变了传统的生产组织、运行管理和建设施工模式。“三室一中心”油公司管理体制构建，生产运行与组织管理模式的创新，工艺优化，“四新”技术的应用，对员工岗位职责、岗位技能等提出了新要求。如何适应信息化模式下岗位的业务需求？成为油田广大员工关心关注的现实问题。《油气生产信息化建设培训讲义》就是在中国石油化工集团公司全力推进油气生产信息化建设的背景下，适应油田企业员工在信息化模式下的业务需求而组组织编写的。

教材围绕油田企业信息化建设规划、系统应用、设备运维等方面进行梳理介绍，内容编排本着从易到难、循序渐进、从实际出发、解决实际问题的指导思想，强调实用性和可用性，尽量做到通俗易懂、详略得当，并侧重于技能的培养和训练。旨在为学员提供简便、实用、管用的参考书，为油气田开展信息化建设提供借鉴和指导。

本教程作为培训用书，适用于中国石化各分公司、采油厂、管理区负责油气生产信息化系统建设规划设计，建设施工、系统管理、综合运维等工程技术和管理人员以及信息化设备技能操作维护人员的培训。

本书为油气生产信息化建设培训系列教材之一，共分9章。主要介绍数据通信基础、计算机网络概念、物理层、数据链路层、网络层、运输层以及网络安全、无线网络等。教材由山东胜利职业学院陈宪德，王吉坡主编，参加编写的有：第一、二章由王吉坡编写，第三、四、五、六、九章由陈宪德编写，第七章由赵瑞娟编写，第八章由孙卫娟编写。山东胜利职业学院王克华教授、胜利油田分公司信息中心副主任段鸿杰博士负责审核。

本培训系列教材是在中国石油化工集团公司油田勘探开发事业部信息与科技管理处的指导下,由山东胜利职业学院牵头组织编写。编写过程中得到了中国石油化工集团公司油田勘探开发事业部相关处室及胜利油田分公司、西南油气田分公司、江苏油田分公司等单位的大力协助,胜利油田"四化"建设项目部、胜利油田信息中心等部门专家学者给予许多中肯建议,在此一并表示感谢。

由于编者水平有限,时间仓促,涉及内容较多,教材中难免有不妥之处,恳请读者和专家批评指正。

编者

2016 年 11 月

目 录

第一章　数据通信基础知识

数据通信技术的发展与计算机网络技术密切相关，是促进计算机网络技术发展的重要因素之一。因此，学习计算机网络，必然涉及许多关于数据通信的问题。数据通信是两实体间的数据传输和交换，在计算机网络中占有十分重要的地位。

数据通信是通过各种不同的方式和传输介质，把处在不同地理位置的终端与主计算机或计算机与计算机连接起来，从而完成数据传输、信息交换和通信处理等任务。本章重点介绍与计算机网络有关的数据通信的基本概念、数据传输方式、多路复用技术和差错控制技术等内容，主要是为计算机网络的学习和实践打好基础。

第一节　数据通信的基本概念

本节介绍数据通信系统的组成、基本概念和数据通信的主要技术指标。

一、数据通信系统模型

1. 通信系统的定义

通信(Communication)是把信息从一个地方传送到另一个地方的过程，即信息的传输与交换。用来实现通信过程的系统称为通信系统。

2. 通信系统的基本组成

对一个通信系统来说都必须具备三个基本要素，即信源、信宿和通信媒体。通信系统的一般模型如图 1-1 所示，包括信源、发送设备、信道、噪声源、接收设备和信宿 6 个部分。例如：电话、传真、手机、电报、对讲机。

模型中各部分的功能如下：

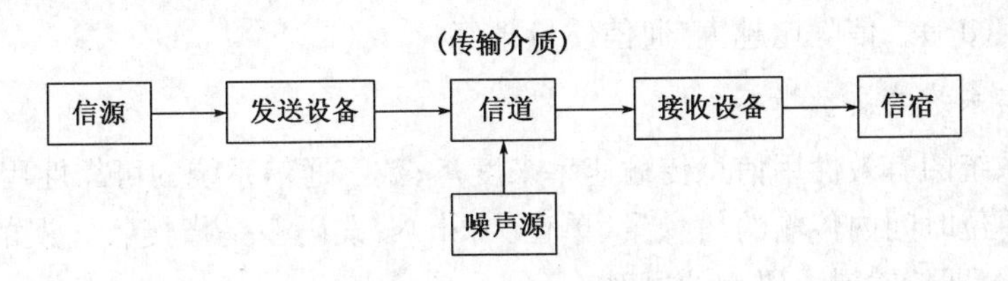

图 1-1　通信系统模型

(1)信源　作用是将原始信息转换为相应的信号(通常称为基带信号)。

(2)发送设备　对基带信号进行各种变换和处理，使其适合在信道中传输。

(3)信道　通信的通道，是信号传输的媒介。

(4)接收设备　对接收信号进行必要的处理和变换后恢复为相应的基带信号。

(5)信宿　将恢复的基带信号转换成相应的原始信息。

(6)噪声源　信道中的噪声以及分散在通信系统其他各处噪声的集中表现。

二、数据通信的相关术语

1. 数据、信息和信号

数据(Data)是记录下来的可以被鉴别的符号，是把事物的某些特征(属性)规范化后的表现形式，具有稳定性和表达性。

信息(Information)是对数据的认识和解释，是对数据进行加工和处理后产生的数据。

信号(Signal)是数据的物理表示形式。在数据通信系统中，传输介质以适当形式传输的数据都是信号。信号是数据或信息的载体，有模拟信号和数字信号两种形式。

数据和信息的区别：数据是独立的，是尚未组织起来的事实的集合；信息是按照一定要求以一定格式组织起来的数据，见表1-1。

表1-1　数据与信息的区别

数　据	信　息	数　据	信　息
某人身高2.26m	这人很高	天气气温36.5℃	天气很热

2. 模拟通信和数字通信

根据信道传输信号的差异，通信系统分为模拟通信系统和数字通信系统。信道中传输模拟基带信号或模拟频带信号的通信系统称为模拟通信系统；信道中传输数字基带信号或数字频带信号的通信系统称为数字通信系统。

3. 通信系统的性能指标

通信系统的性能指标主要为有效性和可靠性。有效性是指传输信息的效率；可靠性是指接收信息的准确度。

1)模拟通信系统的性能指标

模拟通信系统的有效性用有效传输频带来度量；模拟通信系统的可靠性用接收端输出的信噪比来度量。信噪比指输出信号的平均功率和输出噪声的平均功率之比，单位分贝(dB)，即$10\log(S/N)$(dB)。信噪比越大，通信质量越好。

2)数字通信系统的质量指标

数字通信系统的有效性用信息传输速率来度量；数字通信系统的可靠性用误码率来度量。传输速率是指单位时间内传输的信息量，单位为bit/s；误码率是指接收错误的码元数与传输的总码元数之比，即传输错误码元的概率。

如图1-2所示，相比于模拟通信，数字通信的杂音、失真影响较小，数字通信的主要优点：抗干扰能力强；便于加密处理；易于实现集成化，从而减小通信设备体积并降低功耗；有利于采用时分复用实现多路通信。

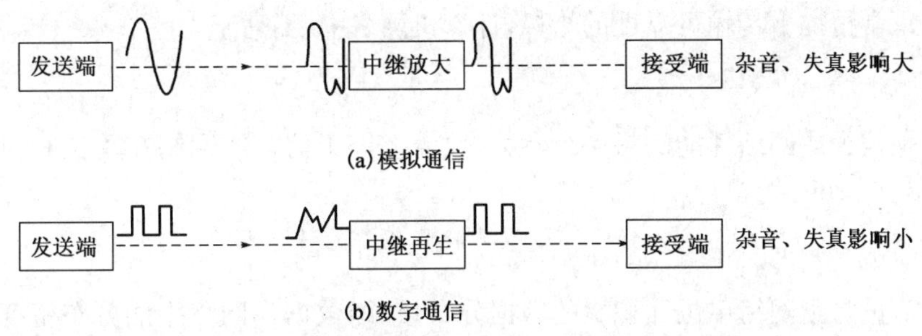

图 1-2　模拟通信和数字通信抗干扰性能的比较

三、数据通信的主要技术指标

1. 数据传输速率

1)比特率 S

比特率即数据的传输速率，指在有效带宽上单位时间内传输的二进制代码位(比特)数，单位为位/秒，记作 bit/s。常用的数据传输速率单位有 kbit/s、Mbit/s、Gbit/s 与 Tbit/s，彼此之间的关系如下：

1kbit/s= 1×10^{3} bit/s；

1Mbit/s= 1×10^{6} bit/s；

1Gbit/s= 1×10^{9} bit/s；

1Tbit/s= 1×10^{12} bit/s。

设 T 为传输的电脉冲信号的宽度或周期，N 为脉冲信号所有可能的状态数，则比特率为：

$$S=\frac{\log_2 N}{I}(\text{bit/s})$$

$\log_2 N$ 是每个电脉冲信号所表示的二进制代码位数(比特数)。如电信号的状态数 $N=2$，即只有“0”和“1”两个状态，则每个电信号只传送 1 位二进制代码，此时，$S=1/T$。

2)波特率 B

波特率即调制速率，又称码元速率，是数字信号经过调制后的传输速率。波特率指在有效带宽上单位时间内传送的波形单元(码元)数。

$$B=1/T(\text{Baud})$$

即 1 波特表示每秒钟传送一个码元。波特率与比特率的数量关系：

$$S=B\log_2 N$$

2. 信道、信道容量、信道带宽

(1)信道　信道是通信的通道，是信号传输的媒介。

(2)信道容量　信道容量表示一个信道的最大数据传输速率，单位为位/秒，记作 bit/s。

(3)信道带宽　信道带宽指信道上能够传送信号的最高频率与最低频率之差，单位为赫兹(Hz)。

3. 误码率

误码率是指二进制码元在数据传输中被传错的概率，又称“出错率”。误码率是衡量数据通信系统在正常情况下传输可靠性的指标，计算机网络中，不高于 10^{-6}。

4. 吞吐量

吞吐量是信道或网络性能的另一个参数，数值上等于信道或网络在单位时间内传输的总信息量，单位也是 bit/s。

5. 网络负荷量

网络负荷量是指网络单位面积中的数据分布量，即数据在网络中的分布密度。网络负荷量过小，网络的吞吐量也会较小，导致网络利用率过低；网络负荷量过大，容易产生阻塞现象，直接导致网络吞吐量降低。

第二节　数据通信与传输方式

数据通信方式是指数据传输的方向、数据发送的方式。在计算机网络中，从不同的角度看有多种不同的通信方式。本节介绍并行通信和串行通信以及单工、半双工和全双工通信的基本概念以及数据在传输介质中的不同传输方式。

一、并行通信与串行通信

1. 并行通信

并行通信是指数字信号以成组的方式在多个并行信道上传输，数据由多条数据线同时传送与接收，每个比特使用单独的一条线路，如图 1-3(a)所示。

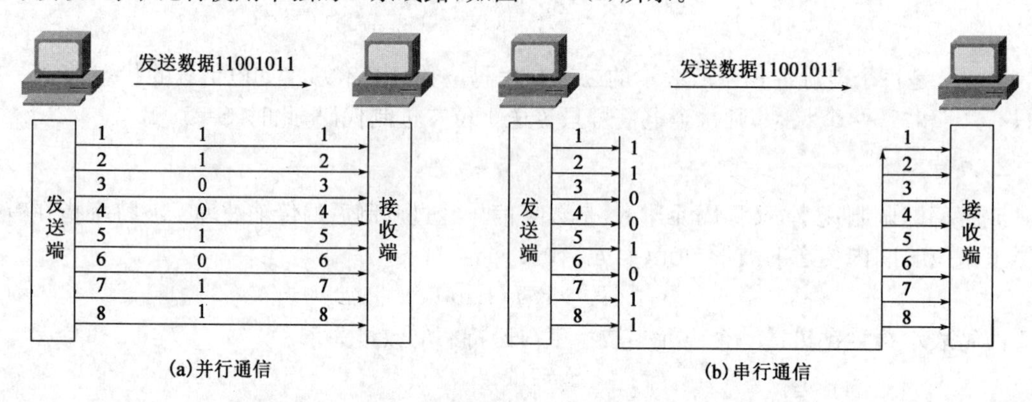

图 1-3　并行通信与串行通信

并行通信的优点在于传送速率高，发收双方不存在字符同步的问题；缺点是需要多个并行信道，增加了设备的成本，而且并行线路的电平相互干扰也会影响传输质量，不适合较长距离的通信，主要用于计算机内部或同一系统设备间的通信。

2. 串行通信

串行通信就是将比特流逐位在一条信道上传送，各数据位依次串行地通过通信线路，如图 1-3(b)所示。

相对于并行通信，串行通信的传送效率低，传输速率慢，但由于只有一条信道，减少了设备的成本，且易于实现与维护。串行通信适用于覆盖面很广的公共电话网络系统，所以在现行的计算机网络通信中，串行通信应用非常广泛。

二、单工、全双工和半双工通信

1. 单工通信

单工通信是指在两个通信设备间，信息只能沿着一个方向被传输，通信信道是单向信道，如图 1－4(a)所示。采用单工通信时，在通信设备双方中，一方为发送设备，另一方为接收设备。

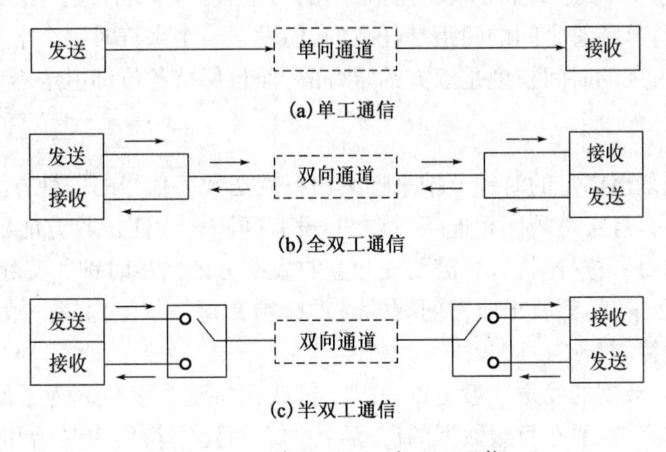

图 1－4　单工、双工、半双工通信

2. 全双工通信

全双工通信是指两个通信设备间可以同时进行两个方向上的信息传输，如图 1－4(b)所示。

3. 半双工通信

半双工通信是指两个通信设备间的信息交换可以双向进行，但不能同时进行，如图 1－4(c)所示，就是说同一时刻一个信道只允许单方向传送信号。

三、同步通信与异步通信

同步是指在数据通信系统中，当发送端与接收端采用串行通信，通信双方交换数据时需要有高度的协同动作，彼此间传输数据的速率、每个比特的持续时间和间隔都必须相同。

通常使用的同步技术有异步通信和同步通信。

1. 异步通信

异步通信方式又称为起止式同步方式，以字符为单位进行传输，即每个字符都独立传送，且每一字符的起始时刻可以为任意时刻，每个字符在传输时都在字符前加上起始位，在字符后加上结束位，以表示一个字符的开始和结束，如图 1－5 所示。

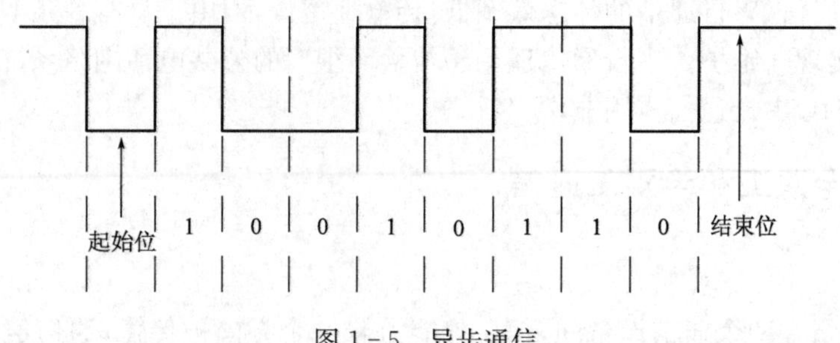

图1-5　异步通信

一般起始位信号的长度规定为1位的宽度，极性为“0”，结束位信号可以为1位、1.5位或2位的宽度，极性为“1”，其长度的选取与所采用的传输代码类型有关。起始位和结束位的作用是实现字符的同步，字符之间的间距是任意的，但发送一个字符时每个字符包含的位数都是相同的，且每一位占用的时间长度是双方约定好的，而且保持各位都恒定不变。

2. 同步通信

同步通信方式是以固定的时钟节拍来连续串行发送数字信号的一种方法。在数字信息流中，各位的宽度相同，且字符顺序相连，字符之间没有间隙。为使接收方能够从连续不断的数据流中正确区分出每一位(比特)，则需要先建立收发双方的同步时钟。实际上，在同步通信方式中，不管是否传送信息，都要求收发两端的时钟必须在每一位上保持一致。因此，同步通信方式又常被称为比特同步或位同步。

在同步通信中，数据的发送一般是以一组字符或比特流为单位。为了使接收方容易确定数据组的开始和结束，需要在每组数据的前、后各加上特定字符作为起始和结束标志，同时还可以用这些标志来区分和隔离连续传输的数据。特定标志字符一般随不同的规程而有所不同。

例如：在面向比特的高级数据链路控制规程HDLC中，是采用比特串01111110作为起始和结束标志。

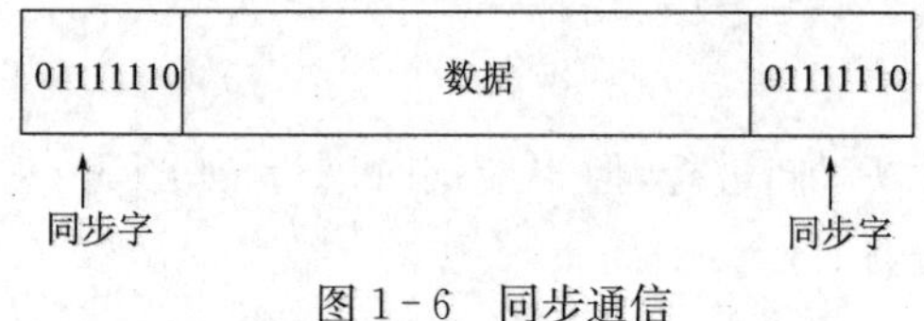

图1-6　同步通信

在暂时没有信息传输时，连续发送01111110使接收端可以一直保持和发送端同步，如图1-6所示。

实现同步通信方式的收发时钟同步方法有外同步法和自同步法。外同步法就是在传输线中增加一根时钟信号线以连接到接收设备的时钟上，在发送数据信号前，先向接收端发一串同步时钟脉冲，接收端则按照该频率来调整自己的内部时钟，并把接收时钟重复频率锁定在同步频率上，该方法适用于近距离传输。自同步法是让接收方从接收的数据流中直接提取同步信号，以获得与发送时钟完全相同的接收时钟，该方法常用于远距离传输。

同步通信克服了异步通信方式中的每一个字符都要附加起始和结束标志的缺点，具有较高的传输效率，但实现较为复杂，常用于大于2400bit/s速率的传输。

3. 同步通信与异步通信的区别

(1)异步通信是面向字符的传输，而同步通信是面向比特的传输。

(2)异步通信的单位是字符,同步通信的单位是帧。

(3)异步通信通过字符起始位和结束位抓住再同步的机会,同步通信从数据中抽取同步信息。

(4)异步通信对时序的要求较低,同步通信往往通过特定的时钟线路协调时序。

(5)异步通信相对于同步通信传输效率较低。

四、基带传输、频带传输和宽带传输

1.基带传输

在数据通信中,由计算机或终端等数字设备产生的、未经调制的数字数据相对应的电脉冲信号通常呈矩形波形式,即表示计算机中二进制数据比特序列的数据信号是典型的矩形脉冲信号,这个矩形脉冲信号就是基带信号。基带信号所占有(固有)的频率范围称为基本频带,简称基带。在通信信道中直接传输这种基带信号的传输方式就是基带传输,它将占用线路的全部带宽,也称为数字基带传输。基带传输的信号既可以是模拟信号,也可以是数字信号,具体类型由信源决定。

2.频带传输

利用模拟信道实现数字信号传输的方法,称为“频带传输”。通常利用调制解调器将数字信号调制成模拟信号后进行发送和传输(调制),到达接收端时,再把模拟信号解调为原来的数字信号(解调)。

频带传输与基带传输的不同:

(1)基带传输中,基带信号占有信道的全部带宽。

(2)频带传输中,模拟信号通常由某个频率或某几个频率组成,占用一个固有频带(高频),即整个频道的一部分;采用多路复用技术,提高了信道利用率;频带传输的波形比较单一,因为在频带传输中只需要用不同幅度或不同频率表示 0、1 两个电平。

3.宽带传输

宽带是指带宽比声频更宽的频带。利用宽带进行的传输称为宽带传输。宽带传输可以在传输介质上使用频分多路复用技术。由于数字信号的频带很宽,不便于在宽带网中直接传输,因此通常将其转化成模拟信号后再在宽带网中传输。宽带传输信道容量大,传输距离长,而基带传输速率快,距离短。

第三节　信源编码技术

在数据通信系统中,通信信道可以采用模拟信道或数字信道,传输的信号类型可以是模拟信号也可以是数字信号。如图所示 1-7 所示,模拟信号(Analog Signal)是指电平连续变化的信号,例如温度、压力、液位等,而数字信号(Digital Signal)则是用两种不同电平(0、1)表示的比特序列电压脉冲信号,可以是模拟数据经量化后得到的离散值,例如在计算机中用二进制代码表示的字符、图形、音频与视频数据。

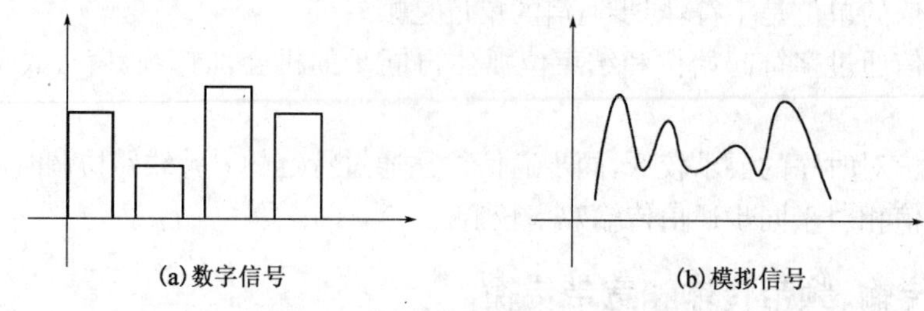

图 1-7　数字信号与模拟信号示意图

在数字通信中经常采用的数据编码方式有 3 种，分别是数字数据的模拟信号编码、数字数据的数字信号编码和模拟数据的数字信号编码，数据编码方法如图 1-8 所示。

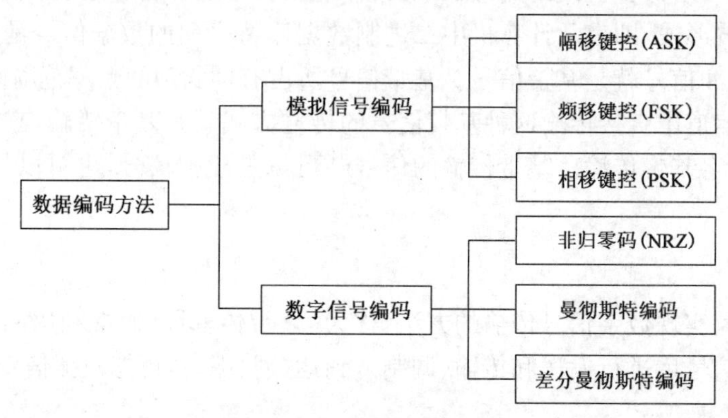

图 1-8　常用数据编码方法

一、数字数据的模拟信号编码

若要将基带信号进行远程传输，首先要将其变换为频带信号(模拟信号)，再在模拟信道上传输，这个变换就是数字数据的模拟信号编码过程(即调制过程)。接收端将模拟信号还原成数字数据的过程称为解调(Demodulation)。

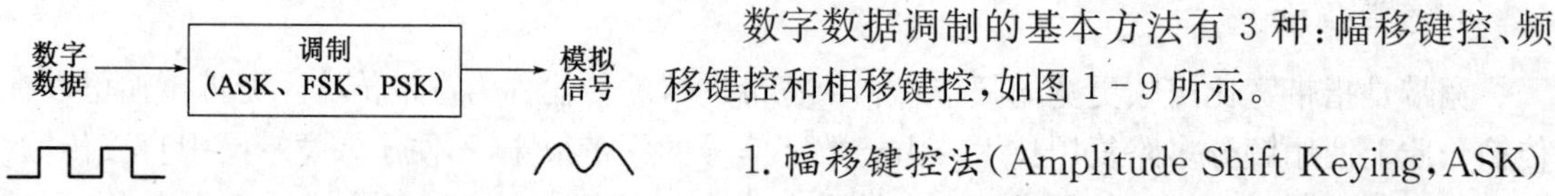

图 1-9　3 种数字数据调制方法

数字数据调制的基本方法有 3 种：幅移键控、频移键控和相移键控，如图 1-9 所示。

1. 幅移键控法(Amplitude Shift Keying，ASK)

幅移键控法又称幅度调制(AM，简称调幅)，用载波信号的幅度值表示数字信号“1”和“0”，如图 1-10(a)所示。

2. 频移键控法(Frequency Shift Keying，FSK)

频移键控法又称频率调制(FM，简称调频)，是调制载波的频率，用载波信号的不同频率(幅值相同)表示数字信号“1”和“0”，如图 1-10(b)所示。

3. 相移键控法(Phase Shift Keying，PSK)

相移键控法又称相位调制(PM，简称调相)，是调制载波的相位，用不同的载波相位(幅值相同)表示数字信号“1”和“0”，如图 1-10(c)(d)所示，绝对调相使用相位的绝对值，相对调相使用相位的相对偏移值。

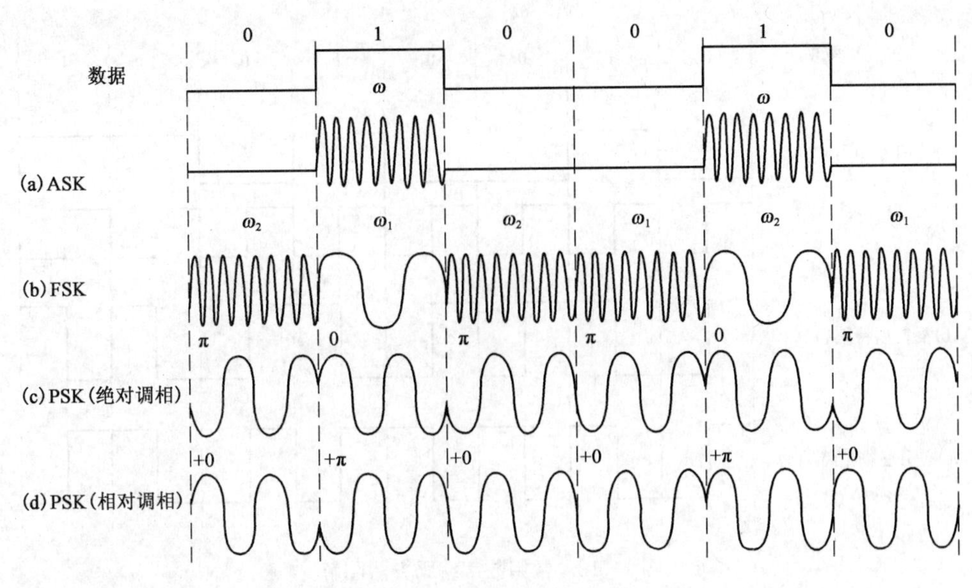

图 1-10　3 种调制方法图解

二、数字数据的数字信号编码

数字数据如果利用数字信道直接传输，在数字数据传输前常常进行数字信号编码。数字信号编码的目的是使二进制数“1”和“0”的特性更有利于传输，常用的数字编码方法如图 1-11所示。

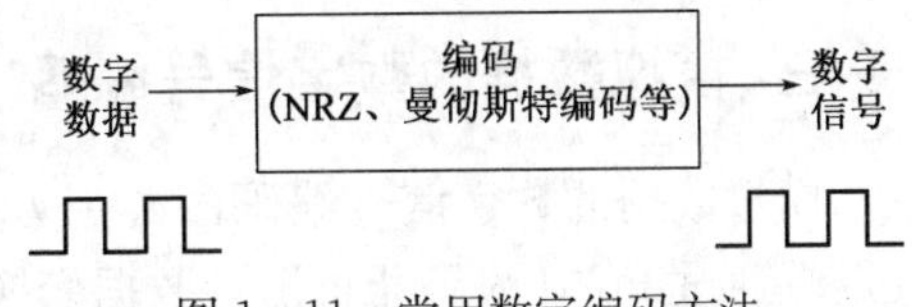

图 1-11　常用数字编码方法

1. *非归零编码*(Non-Return to Zero，NRZ)

非归零编码规定，如果用负电平表示逻辑“0”，则正电平表示逻辑“1”，反之亦然，如图 1-12(a)所示。非归零编码的特点：一是发送能量大，有利于提高收端信噪比；二是带宽窄但直流和低频成分大；三是不能提取同步信息，判决电平不易稳定。

非归零编码一般用于设备内部通信和短距离通信。

2. *曼彻斯特编码*(Manchester)

曼彻斯特编码是目前应用最广泛的编码方法之一，编码方法是每一位二进制信号的中间都有跳变，从低电平跳变到高电平，表示数字信号“1”；从高电平跳变到低电平，表示数字信号“0”，如图 1-12(b)所示。

曼彻斯特编码的特点是编码不含直流分量，无须另发同步信号，但极性反转时常会引起译码错误。

3. *差分曼彻斯特编码*(Difference Manchester)

差分曼彻斯特编码是对曼彻斯特编码的改进。与曼彻斯特编码不同的是，每位二进制数据的取值根据其开始边界是否发生跳变决定。编码方法是若一个比特开始处“有跳变”，则表示“0”；若一个比特开始处“无跳变”，则表示“1”，如图 1-12(c)所示。

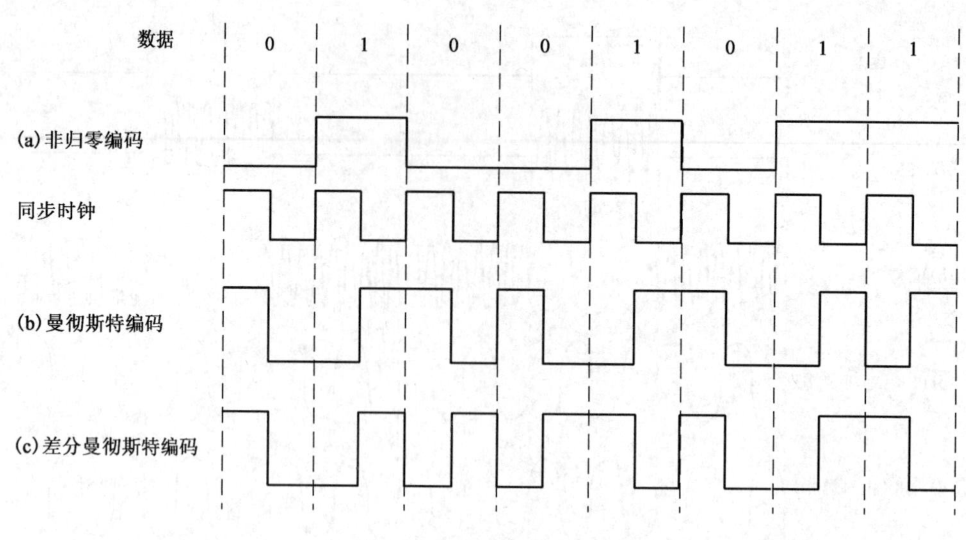

图 1-12　常用数字编码方法图解

在局域网通信中，差分曼彻斯特编码更常用，其每个码位中间的跳变被专门用作定时信号，用每个码开始时刻有无跳变来表示数字“0”和“1”。

三、模拟数据的数字信号编码

模拟数据的数字信号编码的常用方法是脉冲编码调制(Pulse Code Modulation，PCM)。发送端通过 PCM 编码器将语音数据变换为数字信号，接收方再通过 PCM 解码器将数字信号还原成模拟信号，如图 1-13(a)所示。脉冲编码调制包括 3 部分：采样、量化和编码，如图 1-13(b)所示。

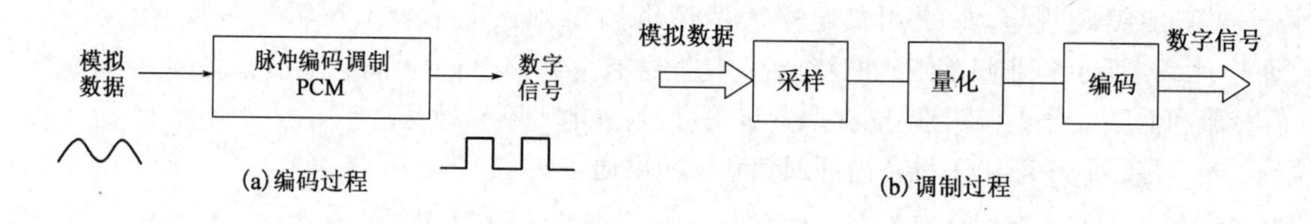

图 1-13　模拟数据的数字信号编码

1. 采样

采样是将时间上、幅值上都连续的模拟信号在采样脉冲的作用下转换成时间上离散(按一定的时间间隔)但幅值上仍连续的离散模拟信号。因此，采样又称为波形的离散化过程。采样频率应满足采样定理：采样频率 $f \geqslant 2B$，B 为信号的最高有效频率。

2. 量化

量化是指对采样得到的离散模拟信号进行分级处理，按整个模拟信号的最大幅度划分若干区段并归类，然后得到量化值。

3. 编码

编码是指把量化得到的数值用一定位数的二进制码表示，如果有 N 个量化级，则需要 $\log2^N$ 位二进制码（如 8 级用 3 位，16 级用 4 位）。

第四节　多路复用技术

在远距离通信中，为了高效合理地利用传输介质，通常采用多路复用技术。利用一条物理信道同时传输多路信号的过程称为多路复用。采用多路复用技术能够使多个计算机或终端设备共享信道资源，提高信道的利用率，特别是在远距离传输时，可大大节省电缆的成本、安装与维护费用。

信道复用（Multiplexing）技术就是在发送端将多路信号进行组合，然后在一条信道上传输，接收端再将组合信号分离出来，如图 1－14 所示。利用信道复用技术可将一条信道划分成互不影响的多条信道。

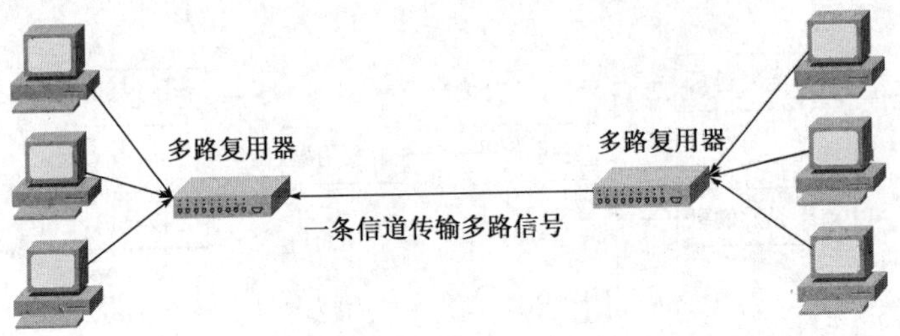

图 1－14　信道复用技术

多路复用技术的实现包含复合、传输和分离 3 个过程。根据划分信道技术的不同，复用技术主要分为三大类：频分复用（波分复用）、时分复用与码分复用。

一、频分复用（Frequency Division Multiplexing，FDM）

在频分复用技术中，划分信道的依据是频率。信道的带宽被分成若干个相互不重叠的频段，每路信号占用其中一个频段，因而在接收端可以采用适当的设备将多路信号分开，从而恢复所需要的信号，如图 1－15 所示。频带划分及各信道的带宽如图 1－16 所示。

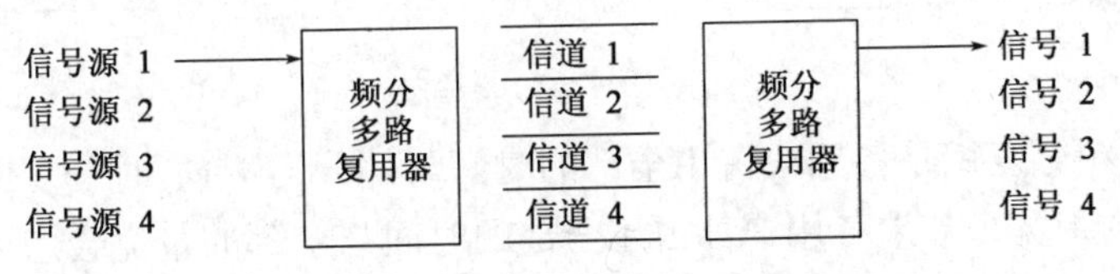

图 1－15　频分复用技术

二、波分复用（Wavelength Division Multiplexing，WDM）

在光通信中可采用波分复用技术实现多路光信号的同时传输。方法就是把不同波长的光信号复用到一根光纤中进行传输，如图 1－17 所示。

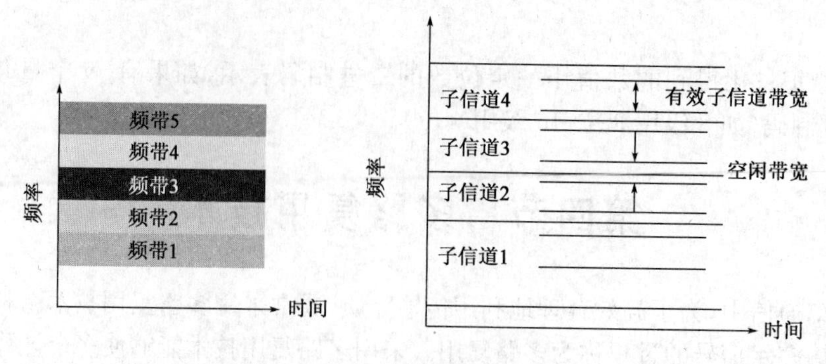

图 1-16　频率分割及带宽分布

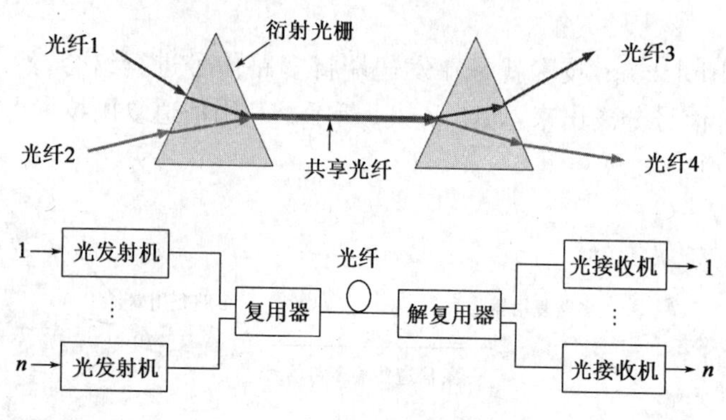

图 1-17　波分复用技术

三、时分复用(Time Division Multiple Access,TDM)

时分复用依据时间划分信道,即将提供给整个信道传输信息的时间划分成若干时间片(简称时隙),并将这些时隙分配给每一个信号源(用户)使用,每一路信号在自己的时隙内独占信道进行数据传输,如图 1-18 所示。

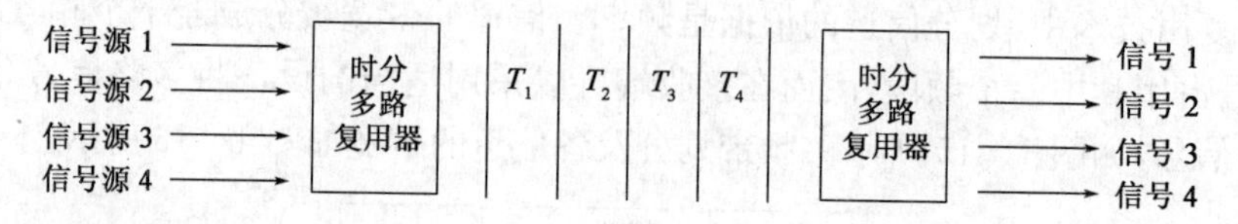

图 1-18　时分复用技术

由前述可知,频分复用是各用户占用全部的时间与部分的带宽,时分复用是各用户占用部分的时间与全部的带宽。如果各用户都占用全部的时间与全部的带宽会怎么样?一般情况下这会造成混乱,接收方无法正确分离各路信号。但是利用码分复用(Code Division Multiplexing,CDM)技术,可以让各用户占用全部的时间与全部的带宽,同时接收方可以正确分离各路信号。

四、码分复用(Code Division Multiplexing Access,CDMA)

码分多路复用技术根据不同的编码来区分各路原始信号。码分复用的每一个用户都有一个地址码，当要发送 1 时，就发送自己的地址码；当要发送 0 时，就发送自己地址码的反码（1 变 0，0 变 1）。假如地址码是 1010，当要发送 1 时，就发送 1010；当要发送 0 时，就发送 0101。因此，码分复用也称为码分多址。码分复用技术用于移动通信系统，例如：CDMA2000，TD-SCDMA，WCDMA。

第五节　差错控制技术

在数据通信中，由于系统内部固有的特性以及外部的干扰不可避免地产生一些差错。将接收端收到的数据与发送端发出的数据不一致的现象称为传输差错。一般来说，传输中的差错是由噪声引起的。噪声有两大类：一类是信道固有的、持续存在的随机热噪声；另一类是由外界特定的短暂原因所造成的冲击噪声。因此，在数据通信过程中如何实现无差错的数据传输是一个非常重要的问题。

差错控制技术是实现数据可靠传输的主要手段，本节介绍差错控制技术中的差错控制方法和差错控制编码。

一、差错控制方法

1. 差错产生的原因

差错是指在数据通信中，接收端接收的数据与发送端发出的数据不一致的现象。差错产生的原因有：

（1）从差错的物理形成分析有热噪声和冲击噪声。

（2）从差错发生的位置分析有通信链路差错、路由差错和通信节点差错。

（3）从差错发生的层次分析有物理层、数据链路层、网络层和传输层差错。

2. 差错控制

差错控制是指在数据通信过程中能发现或纠正差错，把差错控制在允许范围内的技术和方法。

差错控制的硬件手段是选用高可靠性的设备和传输介质，并辅以相应的保护和屏蔽措施；软件技术手段是利用通信协议实现差错控制。差错控制的核心是差错控制编码，如采用抗干扰编码和纠错编码。

二、差错控制编码

差错控制编码的基本思想是在被传输信息中增加一些冗余码，利用附加的冗余码元和信息码元之间的约束关系加以校验，以检测和纠正错误。目前广泛用于差错检测的编码有奇偶校验码和循环冗余码。

1. 奇偶校验码

奇偶校验是最常用的差错检测方法，也是其他差错检测方法的基础。其方法是在面向字节的数据通信中，在每个字节的尾部加上一个校验码（比特），构成一个带有校验位的码组，使得码组中“1”的个数成为偶数（称为偶校验）或者奇数（称为奇校验），并把整个码组一起发送出去。

接收端在收到信号后，对每一个码组检查其中“1”的个数是否为偶数(对奇校验则检查“1”的个数是否为奇数)，如果检查通过，就认为收到的数据正确，否则发回一个信号给发送端，要求重新发送该段数据。

奇偶校验分为水平奇偶校验、垂直奇偶校验和水平垂直奇偶校验3种，见表1-2。

表1-2 垂直奇偶校验

位＼字符	字符1	字符2	字符3	字符4	字符5	字符6	校验位(奇)
位1	1	1	0	1	1	1	0
位2	0	0	0	0	1	0	0
位3	0	1	1	1	1	0	1
位4	1	1	1	0	0	1	1
位5	1	0	0	0	0	1	1
位6	0	1	0	1	1	0	0
位7	1	0	1	0	1	0	0
校验位(偶)	0	0	1	1	1	1	1

1)垂直奇偶校验

垂直奇偶校验是以字符为单位的一种校验方法，对字符在垂直方向加校验位构成校验单元。具体方法是将要发送的整个信息块分为定长的若干段，每段后面按“1”的个数为奇数或偶数的规律加上一位奇偶位。

垂直奇偶校验能检测出每列中奇数位错，但检测不出偶数位错。对于突发性错误来说，奇数位错与偶数位错的发生概率相同，因而对差错的检出率只有50%。

2)水平奇偶校验

为了降低对突发错误的漏检率，可以采用水平奇偶校验的方法。水平奇偶校验又称为横向奇偶校验，它是对各个信息段的相应位横向进行编码，产生一个奇偶校验冗余位。

3)水平垂直奇偶校验

同时进行水平奇偶校验和垂直奇偶校验就构成了水平垂直奇偶校验，也称为纵横向校验。

水平垂直奇偶校验能检测出所有3位或3位以下的错误、奇数位错、一定突发长度的突发错误以及很大一部分偶数位错。测量表明，这种方式的编码可使误码率降至原误码率的百分之一到万分之一。

2.循环冗余码

循环冗余码(Cyclic Redundancy Code，CRC)是使用较广泛并且检错能力较强的一种检验码。

CRC的工作过程：在发送端按一定的算法产生一个循环冗余码，附加在信息数据帧后面一起发送到接收端；接收端将收到的信息按同样算法进行除法运算，若余数为“0”，表示接收的数据正确；若余数不为“0”，表示数据在传输的过程中出错，请求发送端重传数据。

3.海明码

海明码是一种纠错码，纠错码比检错码功能更强。纠错码不仅能检测出错误，还可以检测出哪位发生了错误并进行纠正。

海明码的实现原理是在 k 个数据位之外加上 r 个校验位，从而形成一个 $k+r$ 位的新码字，使新的码字的码距比较均匀地拉大。把数据的每一个二进制位分配在几个不同的偶校验位的组合中，当某一位出错时，就会引起相关的几个校验位的值发生变化，这不但可以发现出错，还能指出是哪一位出错。海明码的编码规则从略。

第二章　计算机网络概述

21 世纪的典型特征就是数字化、网络化和信息化，是一个以网络为核心的信息时代。要实现信息化就必须依靠完善的网络，因为网络可以非常迅速地传递信息。因此，网络已经成为信息社会的命脉和发展知识经济的重要基础。网络通常指“三网”，即电信网络、有线电视网络和计算机网络。随着技术的发展，电信网络和有线电视网络都逐渐融入了现代计算机网络的技术，这就产生了“三网络融合”的概念。

进入 20 世纪 90 年代以后，以因特网（Internet）为代表的计算机网络得到了飞速的发展，已从最初的教育科研网络逐步发展成为商业网络，并已成为仅次于全球电话网的世界第二大网络。

计算机网络向用户提供的最重要的功能有两个，即：(1)连通性，就是计算机网络使上网用户之间都可以交换信息，好像这些用户的计算机都可以彼此直接连通一样；(2)共享，指资源共享，可以是信息共享、软件共享，也可以是硬件共享。

本章主要介绍计算机网络及因特网的组成、网络类型、性能指标以及计算机 TCP/IP 网络体系结构。

第一节　因特网概述

一、网络的网络

网络的网络起源于美国的因特网，现已发展成为世界上最大的国际性计算机互联网。下面介绍关于网络、互联网以及因特网的一些最基本的概念。

由若干结点（node）和连接这些结点的链路（link）组成网络（network）。网络中的结点可以是计算机、集线器、交换机或路由器等。图 2－1(a)给出了一个具有 4 个结点和 3 条链路的网络。

3 台计算机通过 3 条链路连接到 1 个集线器上，构成了一个简单的网络，可以用一朵云表示这个网络。

网络和网络还可以通过路由器互联起来，这样就构成了一个覆盖范围更大的网络，即互联网（或互联网），如图 2－1(b)所示。因此互联网是“网络的网络”（network of networks）。

因特网（Internet）是世界上最大的互联网络，习惯上，大家把连接在因特网上的计算机都称为主机（host）。因特网也常常用一朵云来表示，图 2－2 表示许多主机连接在因特网上。

综上所述，网络是把许多计算机连接在一起，而因特网则是把许多网络连接在一起。网络互联并不是把计算机仅仅简单地在物理上连接起来，还必须在计算机上安装许多使计算机能

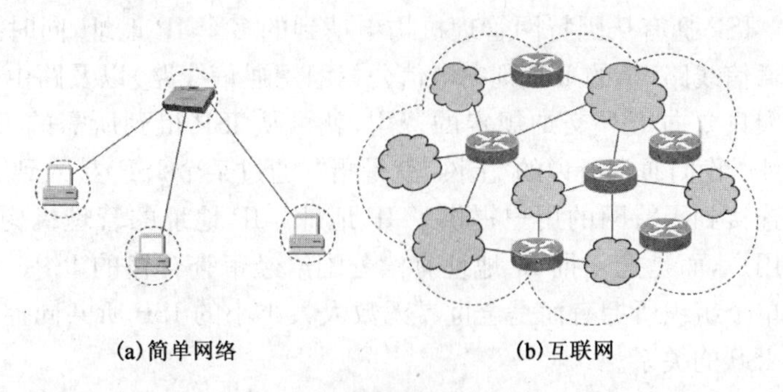

图 2－1　网络结构示意图

够交换信息的软件。因此当谈到网络互联时，就隐含地表示在这些计算机上已经安装了相应的软件，因而在计算机之间可以通过网络交换信息。所以，包含有计算机的网络，以及用这样的网络加上许多路由器组成的互联网，都可通称为计算机网络。

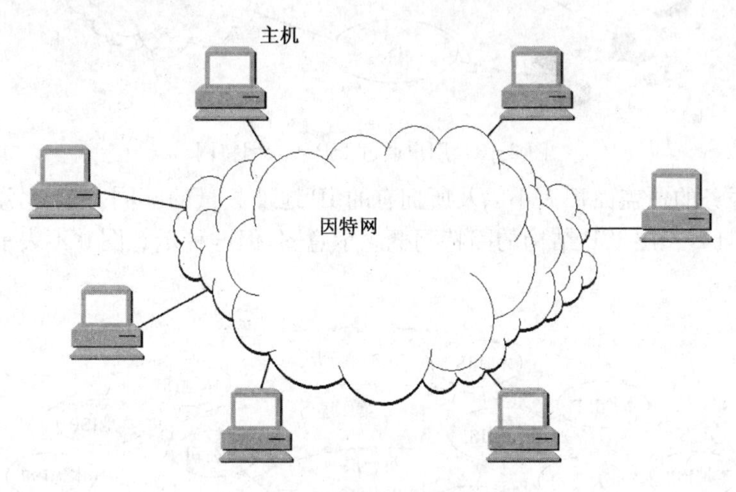

图 2－2　因特网与连接的主机

二、因特网发展的三个阶段

第一阶段是从单个网络 ARPANET 向互联网发展的过程。1969 年美国国防部高级研究计划署(ARPA)创建了第一个分组交换网 ARPANET。20 世纪 70 年代中期 ARPA 开始研究并应用多种网络(如分组无线电网络)互联技术，此时出现的互联网就成为现在因特网(Internet)的雏形。1983 年 TCP/IP 协议成为 ARPANET 上的标准协议，使得所有使用 TCP/IP 协议的计算机都能利用互联网相互通信，因而人们就把 1983 年作为因特网的诞生时间。

第二阶段的特点是建成了三级结构的因特网。从 1985 年起，美国国家科学基金会 NSF 就围绕六个大型计算机中心建设计算机网络 NSFNET。它是一个三级计算机网络，分为主干网、地区网和校园网(或企业网)。

第三阶段的特点是逐渐形成了多层次 ISP 结构的因特网。从 1993 年开始，由美国政府资助的 NSFNET 逐渐被若干个商用的因特网主干网替代，而政府机构不再负责因特网的运营。这样就出现了一个新的名词：因特网服务提供者(Internet Service Provider，ISP)，又常称为因特网服务提供商。ISP 拥有从因特网管理机构申请到的多个 IP 地址，同时拥有通信线路（大的 ISP 自己建造通信线路，小的 ISP 则向电信公司租用通信线路）以及路由器等联网设备，因此任何机构和个人只要向 ISP 交纳规定的费用，就可从 ISP 得到所需的 IP 地址，并通过该 ISP 接入到因特网。我们通常所说的“上网”就是指“（通过某个 ISP）接入到因特网”。

因为 ISP 向连接到因特网的用户提供了 IP 地址。IP 地址的管理机构不会把单个的 IP 地址分配给单个用户，而是把一批 IP 地址有偿分配给经审查合格的 ISP。可以看出，现在的因特网已不是某单个组织所拥有而是全世界无数大大小小的 ISP 所共同拥有的。图 2-3 说明了用户上网与 ISP 的关系。

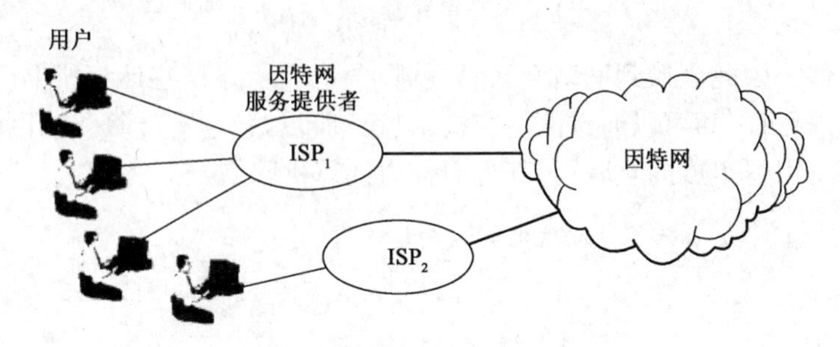

图 2-3　用户通过 ISP 接入因特网

根据提供服务的覆盖面积大小以及所拥有的 IP 地址数量的不同，ISP 也分成为不同的层次。图 2-4 是具有三层 ISP 结构的因特网概念示意图，但这种示意图并不表示各 ISP 的地理位置关系。

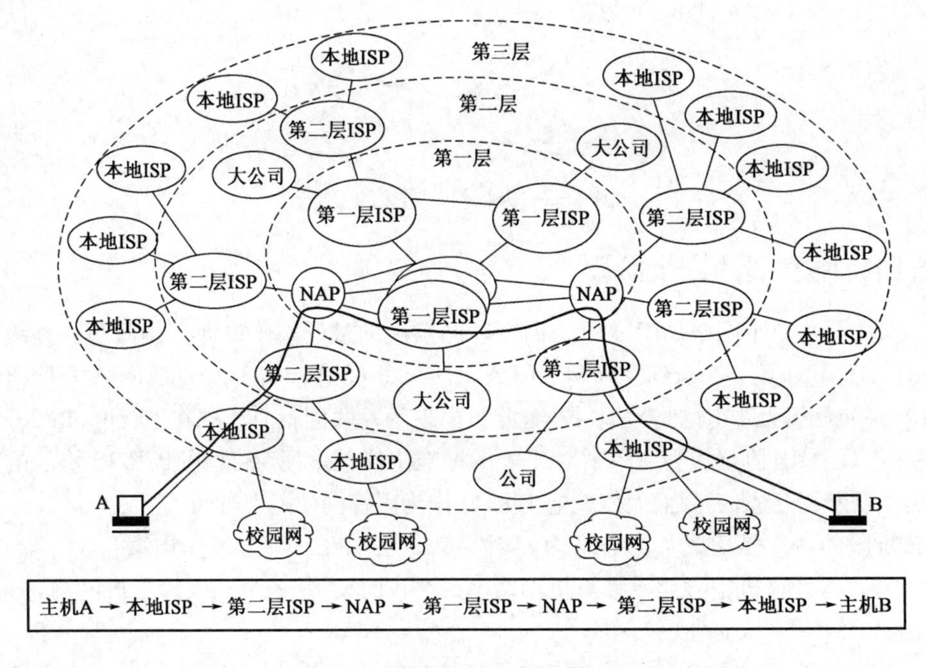

图 2-4　基于 ISP 的多层结构的因特网概念示意图

在图中，最高级别的第一层 ISP 的服务面积最大（一般都能够覆盖国家范围），并且还拥有高速主干网。第二层 ISP 和一些大公司都是第一层 ISP 的用户。第三层 ISP 又称为本地 ISP,它们是第二层 ISP 的用户,且只拥有本地范围的网络。一般的校园网或企业网以及拨号上网的用户,都是第三层 ISP 的用户。为了使不同层次 ISP 经营的网络都能够互通,在 1994 年开始创建了四个网络接入点(Network Access Point,NAP),分别由四个电信公司经营。在 NAP 中安装有性能良好的交换设施,提供给 ISP 使它们能够互相通信,用来交换因特网上流量。NAP 又称为对等点(peering point),表示接入到 NAP 的设备不存在从属关系而都是平等的。现在有一种趋势,即比较大的第一层 ISP 愿意绕过 NAP 而直接通过高速通信线路和其他的第一层 ISP 交换大量的数据,这样可以使第一层 ISP 之间的通信更加快捷。

从图 2－4 可看出,因特网逐渐演变成基于 ISP 和 NAP 的多层次结构网络。但今日的因特网由于规模太大,已经很难对整个的网络结构给出细致的描述。但下面这种情况是经常遇到的,就是相隔较远的两个主机的通信可能需要经过多个 ISP(如图 2－4 中的粗线表示主机 A 要经过许多不同层次的 ISP 才能把数据传送到主机 B)。因此,当主机 A 和另一个主机 B 通过因特网进行通信时,实际上也就是它们通过许多中间的 ISP 进行通信。

第二节　因特网的组成

因特网的拓扑结构虽然非常复杂,并且在地理上覆盖了全球,但从其工作方式上看,可以划分为以下的两大块:

(1)边缘部分。因特网边缘部分指的是所有连接在因特网上的主机。这部分是用户直接使用的,用于通信(传送数据、音频或视频)和资源共享。

(2)核心部分。因特网核心部分是指大量的网络和连接这些网络的路由器。因特网核心部分是为边缘部分提供连通性和交换服务的。

图 2－5 给出了这两部分的示意图。下面分别讨论这两部分的作用和工作方式。

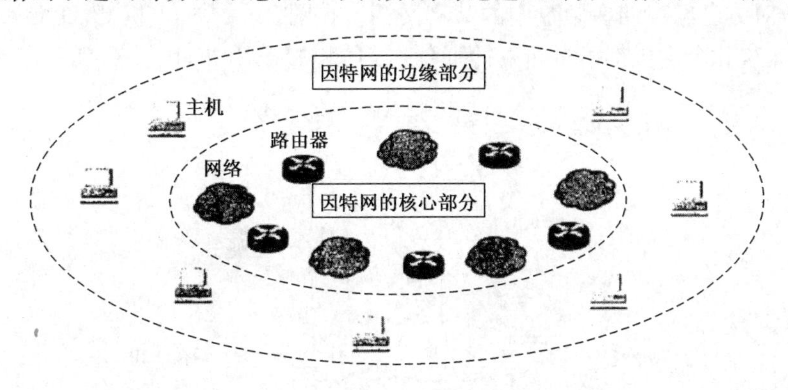

图 2－5　因特网的边缘部分与核心部分

一、因特网的边缘部分

处在因特网边缘的部分就是连接在因特网上的所有主机。这些主机又称为端系统(end system),"端"就是"末端"的意思(即因特网的末端)。边缘部分利用核心部分所提供的服务,使众多主机之间能够互相通信并交换或共享信息。

通常所说的:“主机 A 和主机 B 进进行通信”,实际上是指:“运行在主机 A 上的某个程序和运行在主机 B 上的另一个程序进行通信”,简称计算机之间通信。

在网络边缘的端系统中运行的程序之间的通信方式通常可划分为两大类:客户/服务器方式(Client/Server 方式)和对等方式(Peer-to-Peer,P2P)。

1. 客户/服务器方式

客户(Client)和服务器(Server)都是指通信中所涉及的两个应用进程。客户/服务器方式所描述的是进程之间服务和被服务的关系,如图 2-6 所示。其主要特征是:客户是服务请求方,服务器是服务提供方。服务请求方和服务提供方都要使用网络核心部分所提供的服务。

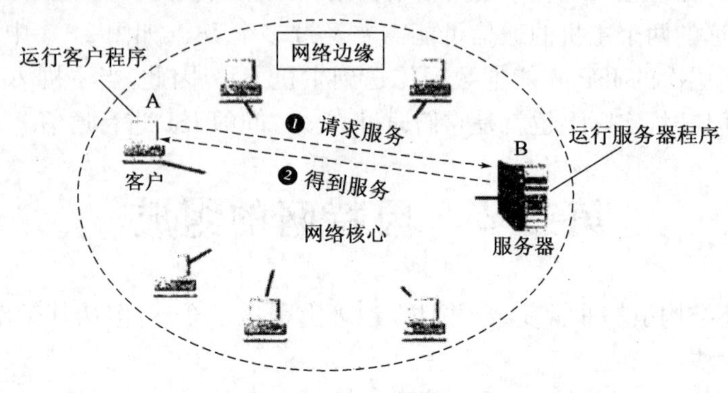

图 2-6　客户/服务器工作方式

2. 对等方式

对等方式是指两个主机在通信时并不区分哪一个是服务请求方还是服务提供方。只要两个主机都运行了对等连接软件(P2P 软件),它们就可以进行平等的、对等连接通信。这时,双方都可以下载对方已经存储在硬盘中的共享文档。在图 2-7 中,主机 C、D、E 和 F 都运行了 P2P 软件,因此这几个主机都可进行对等通信(如 C 和 D,E 和 F,以及 C 和 F)。

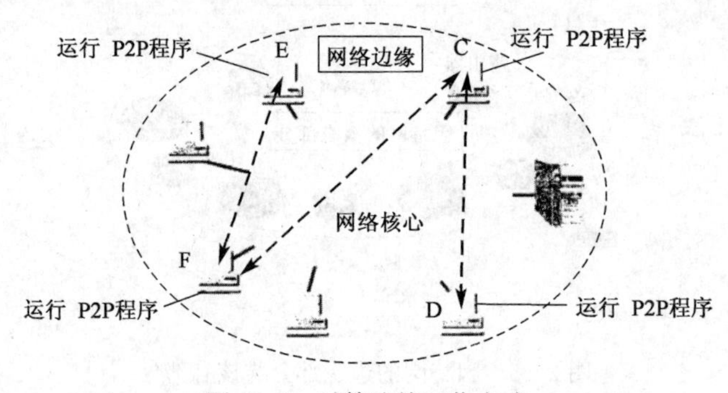

图 2-7　对等连接工作方式

二、因特网的核心部分

网络核心部分是因特网中最复杂的部分,因为网络中的核心部分要向网络边缘中的大量主机提供连通性,使边缘部分中的任何一个主机都能够与其他主机通信。

在网络核心部分起特殊作用的是路由器(Router)。路由器是实现分组交换(Packet Switching)的关键构件,其任务是转发收到的分组,这是网络核心部分最重要的功能。分组交换通常采用存储转发技术。图 2-8 所示是把一个报文划分为几个分组的概念。通常把要发送的整块数据称为一个报文(Message)。在发送报文之前,先把较长的报文划分成为一个个更小的等长数据段,在每一个数据段前面加上一些必要的控制信息组成的首部(header)后,就构成了一个分组(packet)。分组又称为"包",而分组的首部也可称为"包头"。分组是在因特网中传送的数据单元。分组中的"首部"是非常重要的,首部包含了诸如目的地址和源地址等重要控制信息。

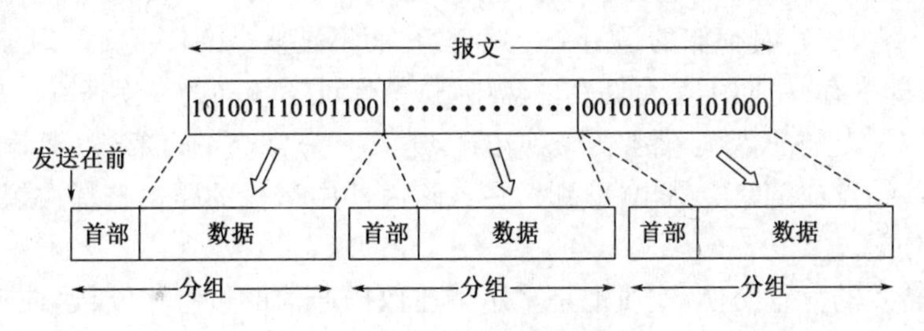

图 2-8　划分分组的概念

图 2-9(a)强调因特网的核心部分是由许多网络和把它们互联起来的路由器组成,而主机处在因特网的边缘部分。在因特网核心部分的路由器之间一般都用高速链路相连接,而在网络边缘的主机接入到核心部分则通常以相对较低速率的链路相连接。

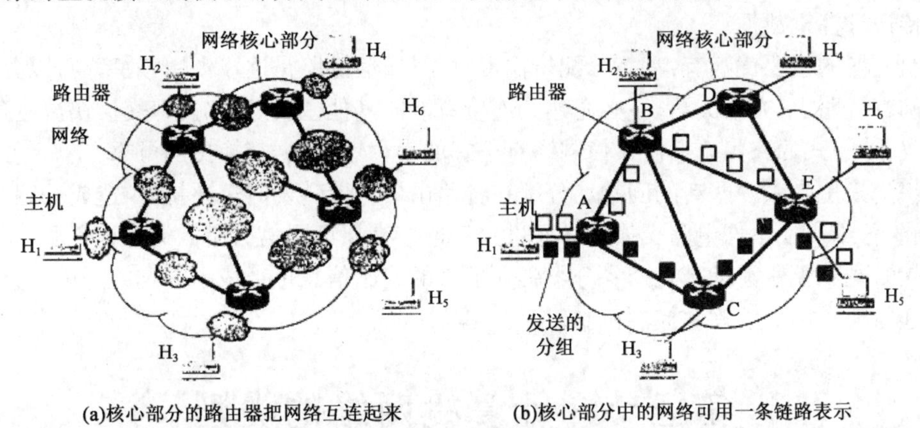

图 2-9　分组交换的示意图

主机和路由器都是计算机,但它们的作用不同。主机是为用户进行信息处理的,并且可以和其他主机通过网络交换信息;路由器则是用来转发分组的,即进行分组交换的。

分组交换传输的过程:路由器收到一个分组,先暂时存储下来,再检查其首部,查找转发表,按照首部中的目的地址,找到合适的接口转发出去,把分组交给下一个路由器。这样一步一步地(有时会经过几十个不同的路由器)以存储转发的方式,把分组交付到最终的目的主机。各路由器之间必须经常交换彼此掌握的路由信息,以便创建和维持在路由器中的转发表,使得转发表能够在整个网络拓扑发生变化时及时更新。

现在假定图 2-9(b)中的主机 H_1 向主机 H_5 发送数据。主机 H_1 先将分组逐个地发往与它直接相连的路由器A。路由器A把上机 H_1 发来的分组放入缓存。假定从路由器A的转发表中查出应把该分组转发到链路A-C,于是分组就传送到路由器C。当分组正在链路A-C传送时,该分组并不占用网络其他部分的资源。

路由器C继续按上述方式查找转发表,假定查出应转发到路由器E。当分组到达路由器E后,路由器E就最后把分组直接交给主机 H_5。

假定在某一个分组的传送过程中,链路A-C的通信量太大,那么路由器A可以把分组沿另一个路由转发到路由器B,再转发到路由器E,最后把分组送到主机 H_5。在网络中可同时有多个主机进行通信,如主机 H_2 也可以经过路由器B和E与主机 H_6 通信。

由此可见,路由器暂时存储的是一个个短分组,而不是整个的长报文。短分组是暂存在路由器的存储器(即内存)中而不是存储在磁盘中,这就保证了较高的交换速率。

因特网采取了专门的措施,保证了数据的传送具有非常高的可靠性(运输层协议实现)。当网络中的某些结点或链路突然出故障时,在各路由器中运行的路由选择协议能够自动找到其他路径转发分组。

采用存储转发的分组交换,实质上是采用了在数据通信的过程中断续(或动态)分配传输带宽的策略。这对传送突发式的计算机数据非常合适,使得通信线路的利用率大大提高。

为了提高分组交换网的可靠性,因特网的核心部分常采用网状拓扑结构,使得当发生网络拥塞或少数结点、链路出现故障时,路由器可灵活地改变转发路由而不致引起通信的中断或全网的瘫痪。此外,通信网络的主干线路往往由一些高速链路构成,这样就可以以较高的数据率迅速地传送计算机数据。

分组交换的主要优点有:动态分配传输带宽,对通信链路是逐段占用,效率高;以分组为传送单位和查找路由,方式灵活;不必先建立连接就能向其他主机发送分组,交换快捷迅速;可靠网络协议,分布式的路由选择协议使网络有很好的生存性,数据交换更加可靠。

分组交换也带来一些新的问题。分组在各路由器存储转发时需要排队,造成一定的时延。此外,由于分组交换不像电路交换那样通过建立连接来保证通信时所需的各种资源,因而无法确保通信时端到端所需的带宽。各分组必须携带的控制信息也造成了一定的开销。整个分组交换网还需要专门的管理和控制机制。

第三节　计算机网络的类别

一、计算机网络

计算机网络简单来讲就是一些互相连接的、自治的计算机的集合。计算机通信强调通信的主体是计算机中运行的程序(在传统的电话通信中通信的主体是人);数据通信强调通信的内容是数据(这当然是在进行计算机通信时才能传送数据)。

二、不同类别的网络

计算机网络的分类方法有多种,根据不同的分类原则,可以得到不同类型的计算机网络。

1. 根据网络的规模分类

1)局域网(Local Area Network,LAN)

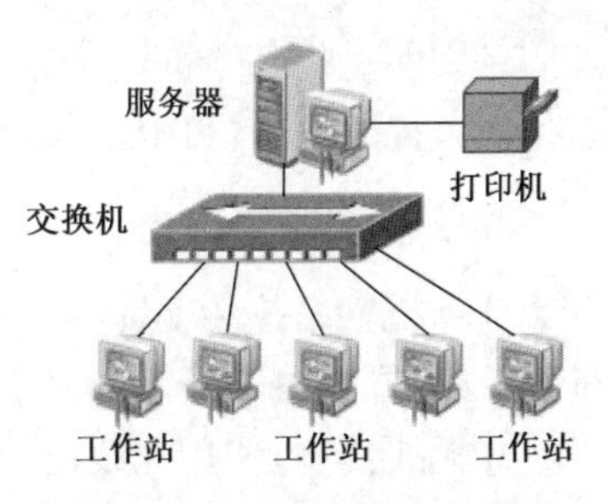

图 2-10　局域网连接示意图

局域网一般用微型计算机或工作站通过高速通信线路相连(速率通常在 10Mb/s 以上),但地理上则局限在较小的范围(如 1km 左右),如图 2-10(a)所示。①局部区域网:传输速率为 1～20Mb/s,最大距离为 25km,采用分组交换技术,入网最大设备数为几百到几千。②高速区域网:采用 CATV 电缆或光缆,传输速率一般为 50Mb/s,最大距离为 1km,入网最大设备数为几十个。

2)城域网(Metropolitan Area Network,MAN)

城域网是局域网的延伸,用于局域网之间的连接,网络规模局限在一座城市范围内,覆盖的地理范围从几十至几百千米,如图 2-11 所示。

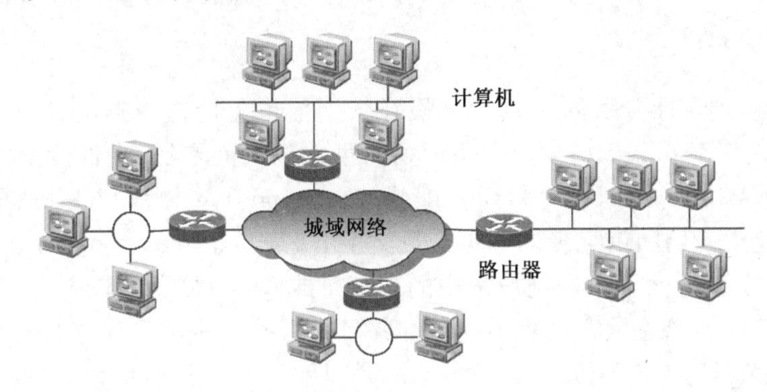

图 2-11　城域网连接示意图

3)广域网(Wide Area Network,WAN)

广域网是因特网的核心部分,其任务是将长距离(例如跨越不同的国家)的网络和资源连接起来达到资源共享的目的。广域网的作用范围通常为几十到几千千米,因而有时也称为远程网(Long Haul Network)。连接广域网各结点交换机的链路一般都是高速链路,具有较大的通信容量,如图 2-12 所示。

图 2-12　广域网连接示意图

4)个人区域网(Personal Area Network,PAN)

个人区域网就是在个人工作地方把属于个人使用的电子设备(如便携式电脑等)用无线技术连接起来的网络,因此也常称为无线个人区域网(Wireless PAN,WPAN),其范围约为 10m。

2. 根据服务类型分类

1)公用网(Public Network)

公用网也可称为公众网,是指电信公司(国有或私有)出资建造的大型网络。

2)专用网(Private Network)

专用网是指某个部门为本单位的特殊业务工作需要而建造的网络。专用网络不向本单位以外的人提供服务。例如,军队、铁路、电力等系统均有本系统的专用网。

3.根据传输介质分类

计算机网络按传输介质可以分为有线网和无线网。在有线网中,计算机与计算机之间通过双绞线、同轴电缆或者光纤等连接媒体相互连接起来,是看得见的。

在无线网中,使用无线电波和卫星信号传输数据,网络之间的传输媒体看不见。例如,比较流行的手机上网和3G无线上网,都属于无线网络。

第四节　计算机网络的性能指标

计算机网络的性能指标主要有速率和带宽。

一、速率

速率指的是连接在计算机网络上的主机在数字信道上传送数据的速率,也称为数据率(data rate)或者比特率(bit rate)。速率是计算机网络中最重要的一个性能指标。速率的单位是比特每秒(b/s或bit/s,有时也写为bps,即bit per second)。比特(bit)是计算机中数据量的单位,也是信息论中使用的信息量的单位。英文字bit来源于binary digit,意思是一个“二进制数字”,因此一个比特就是二进制数字中的一个1或0。当数据率较高时,就可以用kb/s、Mb/s、Gb/s或Tb/s。现在人们常用更简单的并且是很不严格的记法来描述网络的速率,如100M以太网,而省略了单位中的b/s,它的意思是速率为100Mb/s的以太网。

二、带宽

带宽表示在单位时间内从网络中的某一点到另一点所能通过的“最高数据率”。在计算机网络中,带宽用来表示网络的通信线路所能传送数据的能力。带宽单位是“比特每秒”,记为bit/s。在这种单位的前面也常常加上千(k)、兆(M)、吉(G)或太(T)这样的倍数。

第五节　计算机网络体系结构

在计算机网络的基本概念中,分层次的体系结构是最基本的。计算机网络体系结构的抽象概念较多,学习时要多思考、有耐心。

一、计算机网络体系结构的形成

连接在网络上的两台计算机要互相传送文件,仅仅有一条传送数据的通路还远远不够,至少还有以下几件工作需要去完成:

(1)发起通信的计算机必须将数据通信的通路进行激活(activate)。所谓“激活”就是要发出一些信令,保证要传送的计算机数据能在这条通路上正确发送和接收。

(2)要告诉网络如何识别接收数据的计算机。

(3)发起通信的计算机必须查明对方计算机是否已开机,并且与网络连接正常。

(4)发起通信的计算机中的应用程序必须弄清楚,在对方计算机中的文件管理程序是否已做好文件接收和存储文件的准备工作。

(5)若计算机的文件格式不兼容,则至少其中的一个计算机应完成格式转换功能。

(6)对出现的各种差错和意外事故,如数据传送错误、重复或丢失,网络中某个结点交换机出故障等,应当有可靠的措施保证对方计算机最终能够收到正确的文件。

由此可见,相互通信的两个计算机系统必须高度协调工作才行,而这种"协调"是相当复杂的。为此,ARPANET 设计时即提出了分层的方法。"分层"可将庞大而复杂的问题,转化为若干较小的局部问题,而这些较小的局部问题就比较易于研究和处理。

1974 年,美国的 IBM 公司公布了系统网络体系结构 SNA。这个网络标准就是按照分层的方法制定的。不久后,其他一些公司也相继推出自己公司的具有不同名称的体系结构。为了使得不同网络体系结构的用户能够互相交换信息,国际标准化组织 ISO 于 1977 年推出了使各种计算机在世界范围内互联成网的标准框架,即著名的开放系统互联基本参考模型 OSI/RM,简称为 OSI。只要遵循 OSI 标准,一个系统就可以和位于世界上任何地方的,也遵循这同一标准的其他任何系统进行通信。在 1983 年形成了开放系统互联基本参考模型的正式文件,也就是所谓的七层协议的体系结构。

OSI 只获得了一些理论研究的成果,但在市场化方面 OSI 则事与愿违地失败了。现在得到最广泛应用的不是法律上的国际标准 OSI,而是非国际标准 TCP/IP。这样,TCP/IP 就常被称为是事实上的国际标准。

二、协议与划分层次

1. 网络协议

在计算机网络中要做到有条不紊地交换数据,就必须遵守一些事先约定好的规则。这些规则明确规定了所交换的数据的格式以及有关的同步问题。这些为进行网络中的数据交换而建立的规则、标准或约定称为网络协议(Network Protocol)。网络协议也可简称为协议,主要由以下三个要素组成:

(1)语法,即数据与控制信息的结构或格式。

(2)语义,即需要发出何种控制信息,完成何种动作以及做出何种响应。

(3)同步,即事件实现顺序的详细说明。

2. 划分层次

由此可见,网络协议是计算机网络的不可缺少的组成部分。现在假定在主机 1 和主机 2 之间通过一个通信网络传送文件。可以将要开展的工作划分为层:

第一层工作,与传送文件直接有关:发送端的文件传送应用程序应当确定接收端的文件管理程序已做好接收和存储文件的准备;双方协调好一致的文件格式。这两件工作由一个文件传送模块来完成。两个主机将文件传送模块作为最高的一层,如图 2 - 13 所示,两个模块之间的虚线表示两个主机系统交换文件和一些有关文件交换的命令。

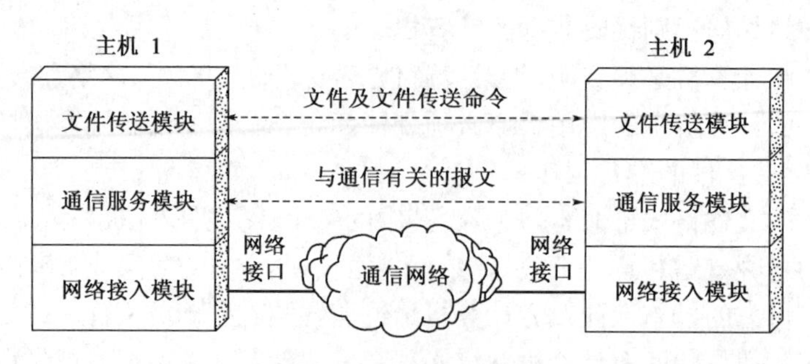

图 2-13　划分层次的举例

第二层工作，保证文件和文件传送命令可靠地在两个系统之间交换，由通信服务模块来完成，就是说，让位于上面的文件传送模块利用下面的通信服务模块所提供的服务。

第三层工作，构建一个网络接入模块，负责与网络接口细节有关的工作，并向上层提供服务，使上面的通信服务模块能够完成可靠通信的任务。

分层可以带来很多好处：

(1)各层之间是独立的。某一层并不需要知道它的下一层是如何实现的，而仅仅需要知道该层通过层间的接口(即界面)所提供的服务。每层只实现一种相对独立的功能，因而可将一个难以处理的复杂问题分解为若干个较容易处理的更小一些的问题。这样，整个问题的复杂程度就下降了。

(2)灵活性好。当任何一层发生变化时，只要层间接口关系保持不变，则在这层以上或以下各层均不受影响。

(3)结构上可分割。各层都可以采用最合适的技术来实现。

(4)易于实现和维护。这种结构使得实现和调试一个庞大而又复杂的系统变得易于处理。

(5)能促进标准化工作，因为每一层的功能及其所提供的服务都已有了精确的说明。

计算机网络的各层及其协议的集合称为网络的体系结构(architecture)。换言之，计算机网络的体系结构就是这个计算机网络及其构件所应完成的功能的精确定义。

三、具有五层协议的体系结构

1. 五层协议体系结构

OSI 的七层协议体系结构[图 2-14(a)]的概念清楚，理论也较完整，但它既复杂又不实用。TCP/IP 体系结构则不同，它是一个四层的体系结构[图 2-14(b)]，得到了非常广泛的应用。TCP/IP 体系结构包含应用层、运输层、网际层和网络接口层(用网际层这个名称是强调这一层是为了解决不同网络的互联问题)。实质上讲，TCP/IP 只有最上面的三层，因为最下面的网络接口层并没有什么具体内容。综合 OSI 和 TCP/IP 的优点，现采用一种只有五层协议的体系结构[图 2-14(c)]。

2. 各层的主要功能

1)应用层(Application Layer)

应用层是体系结构中的最高层。应用层直接为用户的应用进程提供服务。这里的进程就

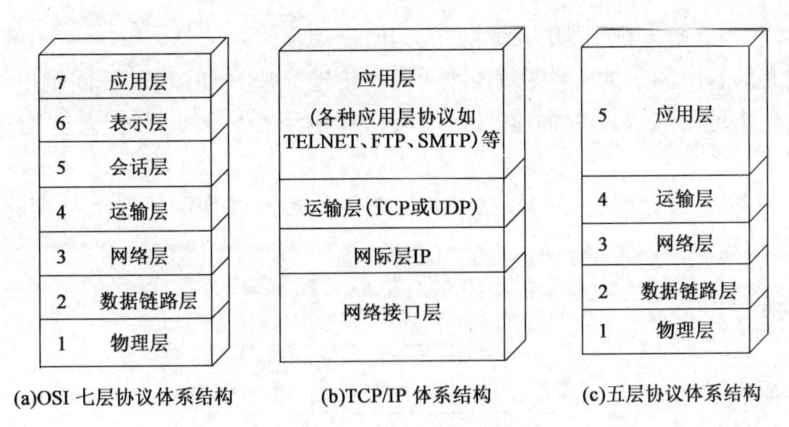

(a)OSI 七层协议体系结构　　(b)TCP/IP 体系结构　　(c)五层协议体系结构

图 2-14　计算机网络体系结构

是指正在运行的程序。在因特网中的应用层协议很多,如支持万维网应用的 HTTP 协议,支持电子邮件的 SMTP 协议,支持文件传送的 FTP 协议等。

2)运输层(Transport Layer)

运输层的任务就是负责向两个主机中进程之间的通信提供服务。运输层主要使用以下两种协议:

(1)传输控制协议(Transmission Control Protocol,TCP),面向连接的协议,数据传输的单位是报文段,能够提供可靠的交付。

(2)用户数据报协议(User Datagram Protocol,UDP),无连接的协议,数据传输的单位是用户数据报,不保证提供可靠的交付,只能提供"尽最大努力交付(best-effort delivery)"。

3)网络层(Network Layer)

网络层负责为分组交换网上的不同主机提供通信服务。在发送数据时,网络层把运输层产生的报文段或用户数据报封装成分组或包进行传送。在 TCP/IP 体系中,由于网络层使用 IP 协议,因此分组也称为 IP 数据报,或简称为数据报。

注意:不要将运输层的"用户数据报 UDP"和网络层的"IP 数据报"混淆。

网络层的另一个任务就是要选择合适的路由,使源主机运输层所传下来的分组能够通过网络中的路由器找到目的主机。

4)数据链路层(Data Link Layer)

数据链路层简称为链路层。在计算机网络中,两个相邻结点之间(主机和路由器之间或两个路由器之间)传送数据是直接传送的(点对点),需要使用专门的链路层的协议。数据链路层将网络层传下来的 IP 数据报组装成帧(Framing),在两个相邻结点间的链路上"透明"地传送帧(Frame)中的数据。每一帧包括数据和必要的控制信息(如同步信息、地址信息、差错控制等)。典型的帧长是几百字节到一千多字节。

5)物理层(Physical Layer)

在物理层上所传数据的单位是比特。物理层的任务就是照原样如实地传送比特流。也就是说,发送方发送 1(或 0)时,接收方应当收到 1(或 0)而不是 0(或 1)。因此物理层要考虑用多大的电压代表"1"或"0",以及接收方如何识别出发送方所发送的比特。物理层还要确定连接电缆的插头应当有多少根引脚以及引脚应如何连接。

注意:传递信息所利用的一些物理媒体(又称传输介质),如双绞线、同轴电缆、光缆、无线信道等,并不在物理层协议之内而是在物理层协议的下面。因此也有人把物理媒体当作第0层。

图2-15举例说明应用进程的数据在各层之间的传递过程中所经历的变化(假定两个主机是直接相连的)。

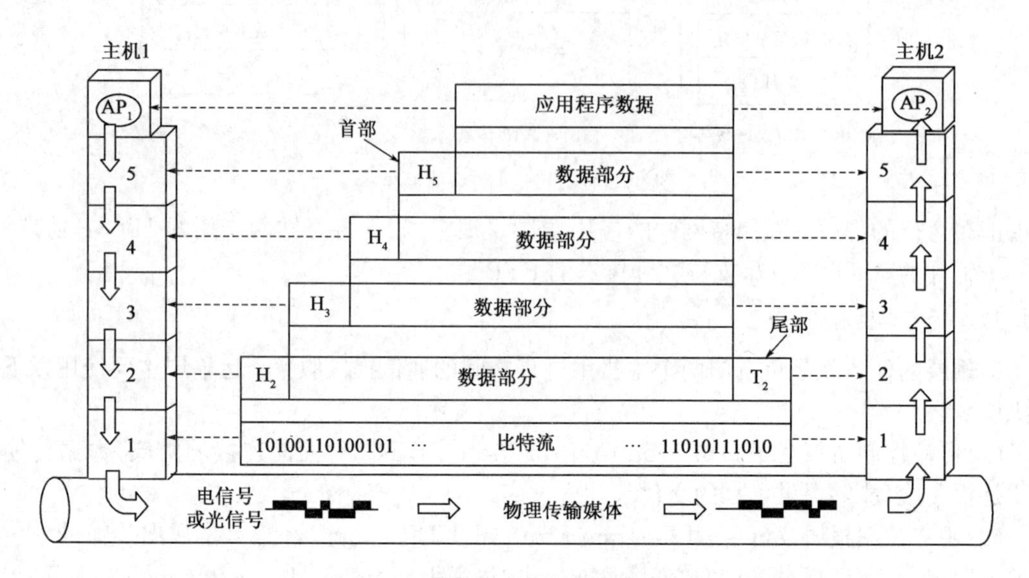

图2-15 数据在各层之间的传递过程

假定主机1的应用进程AP_1向主机2的应用进程AP_2传送数据,AP_1先将其数据交给本机的第5层(应用层),第5层加上必要的控制信息H_5就变成了下一层的数据单元PUD。第4层(运输层)收到这个数据单元后,加上本层的控制信息H_4,再交给第3层(网络层),成为第3层的数据单元,依此类推。不过到了第2层(数据链路层)后,控制信息被分成两部分,分别加到本层数据单元的首部(H_2)和尾部(T_2),而第1层(物理层)由于是比特流的传送,所以不再加上控制信息。

注意:传送比特流时应从首部开始传送,OSI参考模型把对等层次之间传送的数据单位称为该层的协议数据单元PDU。

当这一串的比特流离开主机1经网络的物理媒体传送到目的站主机2时,就从主机2的第1层依次上升到第5层。每一层根据控制信息进行必要的操作,然后将控制信息剥去,将本层剩下的数据单元上传给更高的一层。最后,把应用进程AP_1发送的数据交给目的站的应用进程AP_2。

虽然应用进程数据要经过如图2-15所示的复杂过程才能送到终点的应用进程,但这些复杂过程对用户来说,却都被屏蔽掉了,以致觉得应用进程AP_1好像是直接把数据交给了应用进程AP_2。同理,任何两个同样的层次(例如在两个系统的第4层)之间,也好像如同图2-15中的水平虚线所示的那样,将数据(即数据单元加上控制信息)通过水平虚线直接传递给对方。这就是所谓的"对等层"(Peer Layers)之间的通信。我们以前经常提到的各层协议，实际上就是在各个对等层之间传递数据时的各项规定。

四、TCP/IP 的体系结构

在因特网所使用的各种协议中，最重要的和最著名的就是 TCP 和 IP 两个协议。现在人们经常提到的 TCP/IP 并不一定是单指 TCP 和 IP 这两个具体的协议，而往往是表示因特网所使用的整个 TCP/IP 协议族(Protocol Suite)。

TCP/IP 的体系结构比较简单，它只有四层，如图 2－16 所示，图中的路由器在转发分组时最高只用到网络层(网际)而没有使用运输层和应用层。

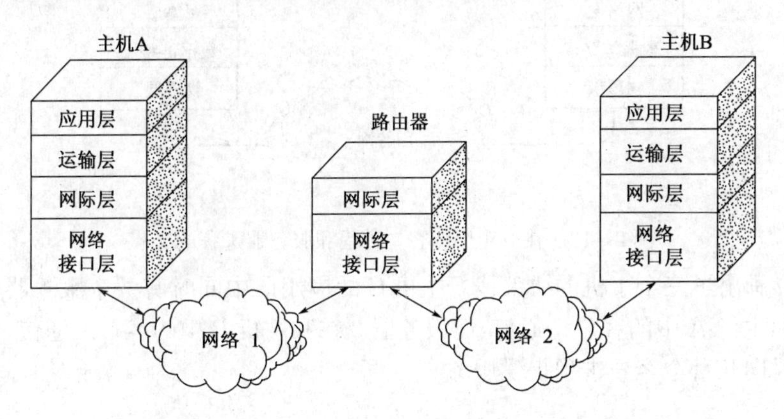

图 2－16　TCP/IP 四层协议的表示方法举例

图 2－17 则分层次画出具体的协议来表示 TCP/IP 协议族，它的特点是上下两头大而中间小：应用层和网络接口层都有多种协议，而中间的 IP 层很小，上层的各种协议都向下汇聚到一个 IP 协议中。这种很像沙漏计时器形状的 TCP/IP 协议族表明 TCP/IP 协议可以为各式各样的应用提供服务(所谓的 Everything Over IP)，同时 TCP/IP 协议也允许 IP 协议在各式各样的网络构成的互联网上运行(所谓的 IP Over everything)。

从图 2－17 不难看出 IP 协议在因特网中的核心作用。

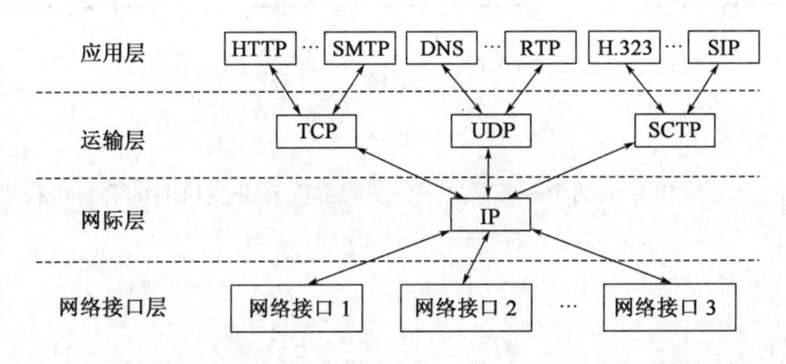

图 2－17　沙漏计时器形状的 TCP/IP 协议族示意图

【例 1－1】　利用协议栈的概念，理解客户进程和服务器进程使用 TCP/IP 协议进行通信。

【解】　图 2－18 中的主机 A 和主机 B 都各有自己的协议栈。主机 A 中的应用进程(即客户进程)的位置在最高的应用层。这个客户进程向主机 B 应用层的服务器进程发出请求，请求建立连接(图中的①)。然后,主机B中的服务器进程接受主机A的客户进程发来的请求(图中的②)。所有这些通信,实际上都需要使用下面各层所提供的服务。但若仅仅考虑客户进程和服务器进程的交互,则可把它们之间的交互看成是图中的水平虚线所示的那样。

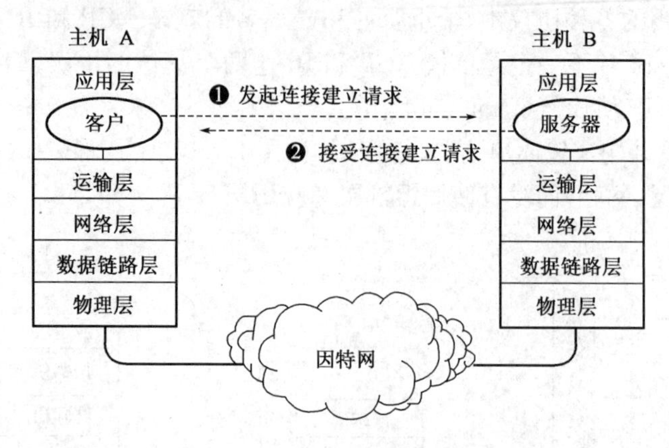

图2-18 在应用层的客户进程和服务器进程的交互

图2-19画出了三个主机的协议栈。主机C的应用层中同时有两个服务器进程在通信。服务器1在和主机A中的客户1通信,而服务器2在和主机B中的客户2通信。有的服务器进程可以同时向几百个客户进程提供服务。

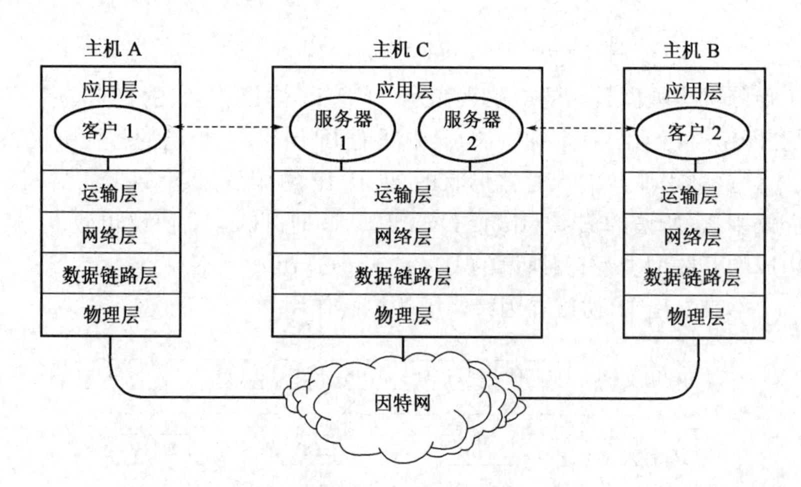

图2-19 主机C的两个服务器进程分别向主机A和主机B的客户进程服务

第三章　物　理　层

本章主要介绍 TCP/IP 网络第一层——物理层的接口特性、常见接口标准(类型)以及实现网络传输的有线(导向性)、无线(非导向性)传输介质。

第一节　物理层的基本概念

物理层的功能是在站点间透明地传输比特流。使物理层上面的数据链路层只需要考虑如何完成本层的协议和服务而不用考虑网络具体的传输媒体(传输介质)。用于物理层的协议称为物理层协议。

物理层的主要任务描述为确定与传输媒体的接口有关的一些特性,即:

机械特性,指明接口所用接线器的形状和尺寸、引脚数目和排列、固定和锁定装置等。

电气特性,指明在接口电缆的各条线上出现的电压的范围。

功能特性,指明某条线上出现的某一电平的电压表示的意义。

过程特性,指明对于不同功能的各种可能事件的出现顺序。

数据在计算机中多采用并行传输方式,但在通信线路上的传输方式一般都是串行传输,即逐个比特按照时间顺序传输,因此物理层还要完成传输方式的转换。具体的物理层协议种类较多,这是因为物理连接的方式很多,传输媒体的种类也非常之多(如架空明线、双绞线、对称电缆、同轴电缆、光缆,以及各种波段的无线信道等)。

常见的物理层标准有 RS-232 接口标准、RS-485 接口标准和 RJ-45 接口标准。

一、RS-232 接口标准

RS-232 由电子工业协会(EIA)于 1962 年制订并发布,后经改进命名为 EIA-232-C,现简称为 RS-232。目前 RS-232 是 PC 机与通信工业中应用最广泛的一种串行接口。RS-232 被定义为一种在低速率串行通信中增加通信距离的单端标准。RS-232 采取不平衡传输方式,即所谓的单端通信。

1. RS-232 接口的物理结构

RS-232 采用了 简化的 DB-9 连接器,如图 3-1 所示,引脚信号定义如下:

1—DCD,载波检测;

2—RXD,接收数据;

3—TXD,发送数据;

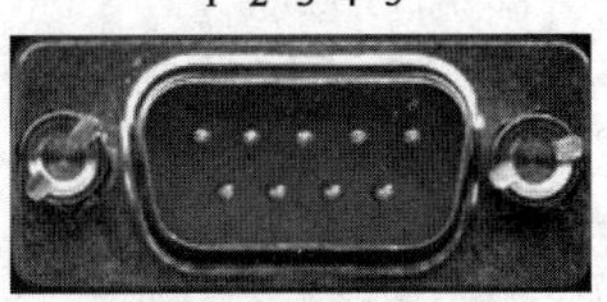

图 3-1　RS 232 接口

4—DTR,数据终端准备好;

5—GND,信号地;

6—DSR,数据准备好;

7—RTS,请求发送;

8—CTS,清除发送;

9—RI,振铃提示。

用于工业控制的RS-232接口一般只使用RXD、TXD、GND三条线。

2. RS-232接口的电气特性

RS-232是为点对点(一对收、发设备)半双工(收发不同时)通信而设计的,在RS-232-C中任何一条信号线的电压均为负逻辑关系。即:逻辑"1"为-3~-15V;逻辑"0"为+3~+15V 。RS-232-C共模抑制能力差,再加上双绞线上的分布电容,其传送距离最大约为15m,最高速率为20kb/s。

二、RS-485接口标准

为弥补RS-232通信距离短、速率低的缺点,电子工业协会(EIA)制订并发布了RS-485接口标准。RS-485与RS-232不同,其数据信号采用差分传输方式,也称作平衡传输,它使用一对双绞线,将其中一线定义为A,另一线定义为B。

RS-485采用差分信号负逻辑,+2~+6V表示"0",- 6~- 2V表示"1"。RS-485多采用两线制接线方式,这种接线方式为总线式拓扑结构,即用一对双绞线将各个接口的"A"、"B"端连接起来,在同一总线上最多可以挂接32个结点。RS-485通信网络一般采用主从通信方式,即一个主机带多个从机,通信距离最大可达1200m。

三、RJ-45接口标准

RJ-45为网络接口标准,广泛应用于局域网和ADSL宽带上网用户的网络设备间网线(称作五类线或双绞线)的连接。在具体应用时,RJ-45型插头和网线有两种连接方法(线序):T-568A和T-568B,通常采用的T-568B线序如图3-2所示。

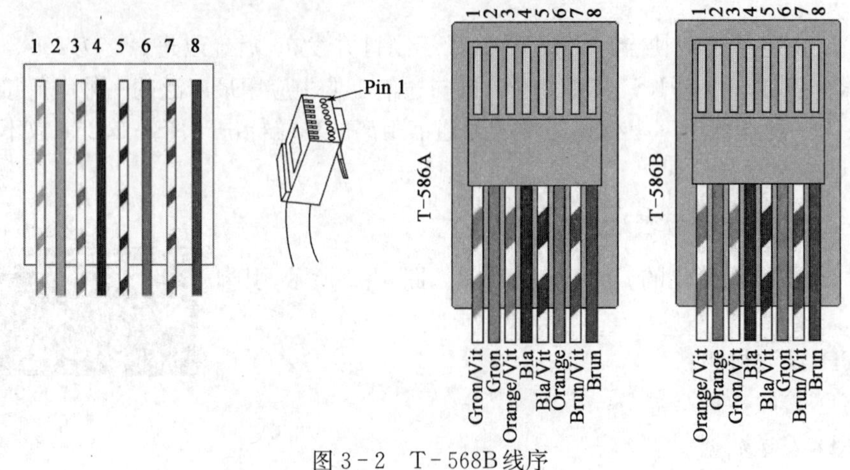

图3-2 T-568B线序

10/100BASE－T RJ－45 接口引脚定义如下：

1—TX＋，发信号＋；

2—TX－，发信号－；

3—RX＋，收信号＋；

4—N/C，空脚；

5—N/C，空脚；

6—RX－，收信号－；

7—N/C，空脚；

8—N/C，空脚。

在计算机网络中，网络设备之间的连接有直通连接、交叉连接和翻转连接，通常采用直通连接方式。

特别注意：上述接口标准只对接口的电气特性做出规定，而不涉及接插件、电缆或协议，在此基础上用户可以建立自己的高层通信协议。

第二节 传输媒体(传输介质)

传输媒体也称为传输介质或传输媒介，它就是数据传输系统中在发送器和接收器之间的物理通路。传输媒体可分为两大类，即导向传输媒体和非导向传输媒体。在导向传输媒体中，电磁波被导向沿着固体媒体（铜线或光纤）传播，而非导向传输媒体就是指自由空间，在非导向传输媒体中电磁波的传输常称为无线传输。图 3－3 是电信领域使用的电磁波的频谱。

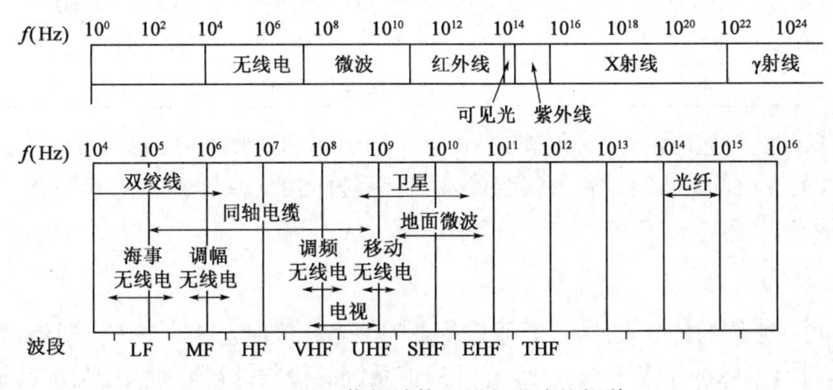

图 3－3 电信领域使用的电磁波的频谱

一、导向传输媒体

1. 双绞线

双绞线是局域网最基本的传输介质，由具有绝缘保护层的 4 对 8 线芯组成，每两条按一定规则缠绕在一起，称为一个线对。两根绝缘的铜导线按一定密度互相绞在一起，可降低信号干扰的程度，每一根导线在传输中辐射的电波会被另一根线上发出的电波抵消。不同线对具有不同的扭绞长度，从而能够更好地降低信号的辐射干扰。

模拟传输和数字传输都可以使用双绞线，其通信距离一般为几到十几千米。为了提高双绞线的抗电磁干扰能力，可以在双绞线的外面加上一层用金属丝编织成的屏蔽层，即屏蔽双绞线，简称为STP(Shielded Twisted Pair)。其价格比无屏蔽双绞线(Unshielded Twisted Pair, UTP)要贵一些。图3-4是无屏蔽双绞线和屏蔽双绞线的示意图。双绞线的类型由单位长度内的绞环数确定，表3-1给出了常用绞合线的类别、带宽和典型应用。图3-4(c)表示5类线具有比3类线更高的绞合度。

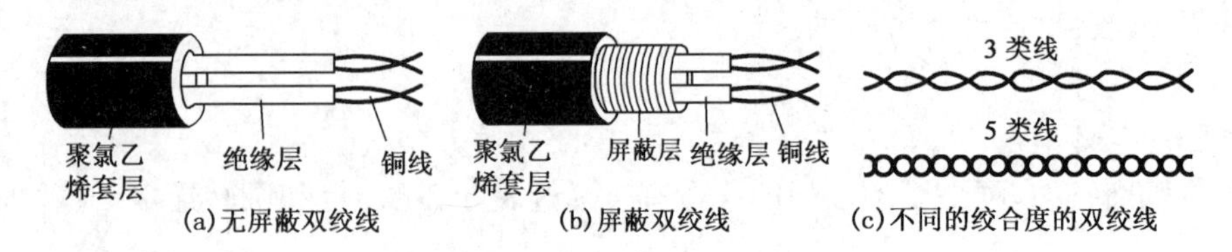

图3-4　双绞线的示意图

在计算机网络中，双绞线一般用于星型拓扑网络的布线连接，两端安装有RJ-45头，用于连接网卡与交换机，最大网线长度为100m。如果要加大网络的范围，可在两段双绞线之间安装中继器，最多可安装4个中继器，连接5个网段，最大传输范围可达500m。

表3-1　常用绞合线的类别、带宽和典型应用

绞合线类别	带宽，MHz	典型应用
3	16	低速网络：模拟电话
4	20	短距离的10BASE-T以太网
5	100	10BASE-T以太网；某些100BASE-T快速以太网
5E(超5类)	100	100BASE-T快速以太网；某些1000BASE-T吉比特以太网
6	250	1000BASE-T吉比特以太网；ATM网络
7	600	可能用于今后的10吉比特以太网

在使用双绞线组建网络时，必须遵循“5—4—3”规则，即网络中任意两台计算机间最多不超过5段线(集线设备到集线设备或集线设备到计算机间的连线)、4台集线设备、3台直接连接计算机的集线设备。

2. 光纤

光纤是光纤通信的传输媒体，光纤通信就是利用光纤传递光脉冲来进行通信，规定有光脉冲相当于1，没有光脉冲相当于0。一个光纤通信系统的传输带宽远远大于目前其他各种传输媒体的带宽。

在光纤通信系统发送端有光源，可以采用发光二极管或半导体激光器，它们在电脉冲的作用下发射光脉冲；在系统接收端利用光电二极管做成光检测器，检测光脉冲并还原成电脉冲信号。

光纤的组成结构有三部分：

表皮，处于光缆的最外面，将一捆光纤包容在一块，起到较好的光纤保护作用。

线芯，每条光纤都是由一条极细的玻璃丝构成，它是实际传输数据的媒体。

包层，在每条光纤的线芯——细玻璃外层环绕有一层包覆玻璃，这层包覆的密度与线芯的密度不同。

光波通过纤芯进行传导,包层较纤芯有较低的折射率。当光线从高折射率的媒体射向低折射率的媒体时,其折射角将大于入射角(图 3-5)。因此,如果入射角足够大,就会出现全反射,即光线碰到包层时就会折射回纤芯。这个过程不断重复,光也就沿着光纤传输下去。

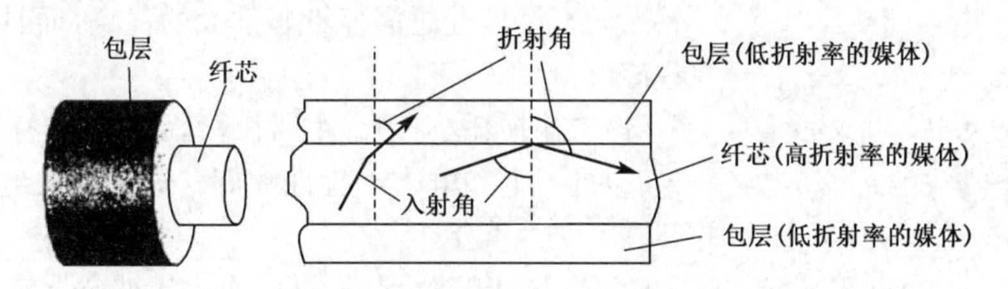

图 3-5 光线在光纤中的折射

图 3-6 为光波在纤芯中传播的示意图。现代的生产工艺可以制造出超低损耗的光纤,即实现光波在纤芯中传输数公里而基本上没有什么衰耗。

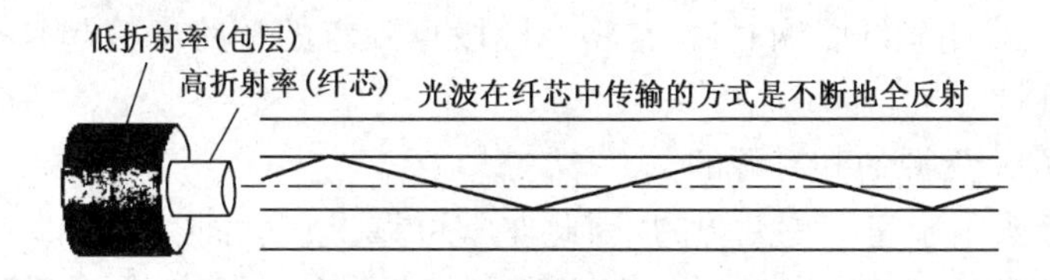

图 3-6 光波在纤芯中的传播

图 3-6 中只画了一条光波。实际上,只要从纤芯中射到纤芯表面的光波的入射角大于某一个临界角度,就可产生全反射。因此,可以存在许多条不同角度入射的光波在一条光纤中传输。这种光纤就称为多模光纤[图 3-7(a)]。光脉冲在多模光纤中传输时会逐渐展宽,造成失真,因此多模光纤只适合于近距离传输。若光纤的直径减小到只有一个光的波长,则光纤就像一根波导那样,它可使光波一直向前传播,而不会产生多次反射,这样的光纤就称为单模光纤[图 3-7(b)]。单模光纤的纤芯很细,其直径只有几个微米,制造起来成本较高。

同时单模光纤的光源要使用昂贵的半导体激光器,而不能使用较便宜的发光二极管。但单模光纤的衰耗较小,在 2.5Gb/s 的高速率下可传输数十公里而不必采用中继器。

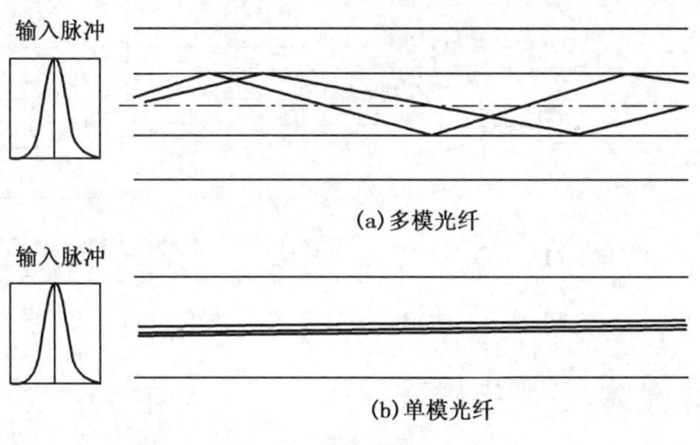

图 3-7 光纤传输方式示意图

由于光纤非常细，连包层一起的直径也不到0.2mm，因此，必须将光纤做成很结实的光缆。一根光缆少则只有一根光纤，多则可包括数十至数百根光纤，再加上加强芯和填充物就可以大大提高其机械强度。必要时还可放入远供电源线。最后加上包带层和外护套，就可以使抗拉强度达到几百兆帕，完全可以满足工程施工的强度要求。图3-8为四芯光缆剖面的示意图。

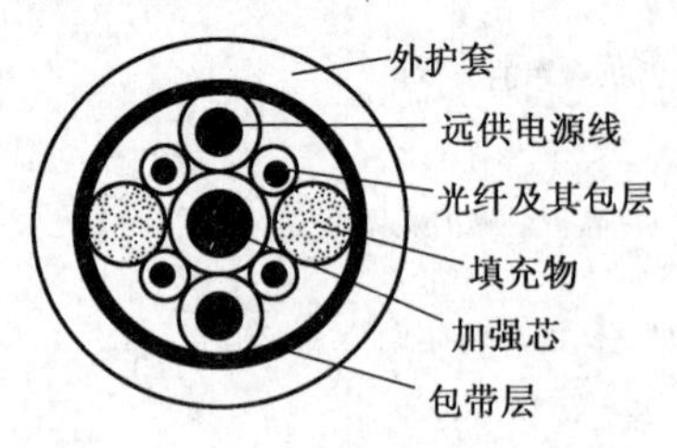

图3-8　四芯光缆剖面的示意图

光纤不仅具有通信容量非常大的优点，而且还具有其他一些特点：

(1)传输损耗小，中继距离长，远距离传输特别经济。

(2)抗雷电和电磁干扰性能好。这在有大电流脉冲干扰的环境下尤为重要。

(3)无串音干扰，保密性好，也不易被窃听或截取数据。

(4)体积小，重量轻。这在现有电缆管道已拥塞不堪的情况下特别有利。

但光纤也有一定的缺点，要将两根光纤精确地连接，需要专用设备——光电接口(光电转换调制解调器)。当采用光纤联网时，常常将一段段点到点的链路串接起来构成一个环路，通过T形接头连接到计算机。

T形接头有两种：无源的和有源的。

无源的T形接头由于完全是无源的，因此非常可靠。它里面有一个光电二极管(供接收用)和一个发光二极管LED(供发送用)，都熔接在主光纤上。即使光电二极管或发光二极管出现故障，也只会使连接的计算机处于脱机状态，而整个光纤网还是连通的。由于在每一个接头处光线会有些损失，因此整个光纤环路的长度受到了限制。

有源的T形接头实际上就是一个有源转发器(图3-9)。进入的光信号通过光电二极管变成电信号，再生放大后，再经过发光二极管LED变成光信号继续向前传送。利用有源转发器使得每两台计算机之间的距离可长达数公里。有源转发器的缺点是：一旦T形接头出现故障，整个光纤环路即断开不能工作。现在纯光的信号再生器也已开始使用，由于不需要进行光电和电光转换，因此其工作带宽得到大幅增加。

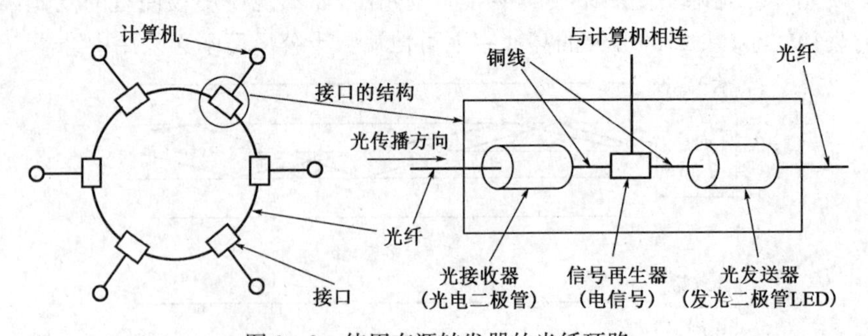

图3-9　使用有源转发器的光纤环路

二、非导向传输媒体(空间电磁波)

当通信距离很远时，若采用导向传输媒体，敷设电缆既昂贵又费时。此时可利用无线电波在自由空间的传播快速地实现多种通信。因这种通信方式不使用导向传输媒体，因此我们将自由空间称为"非导向传输媒体"。

无线传输可使用的频段很广，现在已经利用了其中多个波段进行通信。短波通信（频段3～30MHz）主要是靠电离层的反射。但电离层的不稳定所产生的衰落现象和电离层反射所产生的多径效应，使得短波信道的通信质量较差。因此，当必须使用短波无线电台传送数据时，一般都是低速传输。

现在，无线电微波通信在数据通信中占有重要地位。微波的频率范围为300MHz～300GHz（波长1m～10cm），但主要是使用2～40GHz的频率范围。微波在空间主要是直线传播，由于微波会穿透电离层而进入宇宙空间，因此它不像短波那样可以经电离层反射传播到地面上很远的地方。传统的微波通信主要有两种方式：地面微波接力通信和卫星通信。

1.地面微波接力通信

由于微波在空间是直线传播，而地球表面是个曲面，因此其传输距离受到限制，一般只有50km左右。但若采用100m高的天线塔，则传输距离可增大到100km。为实现远距离通信，必须在一条无线电通信信道的两个终端之间建立若干个中继站。中继站把前一站送来的信号经过放大后再发送到下一站，故称为"接力"。

无线网络通信使用的开放频段（ISM）有3个，如图3-10所示。

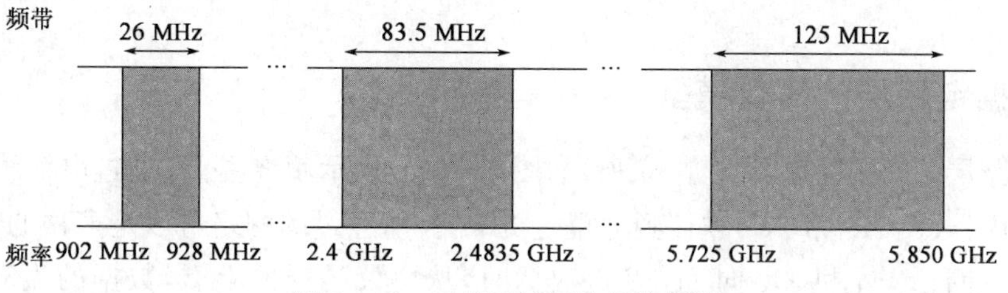

图3-10　无线局域网使用的频段

无线局域网通常采用无线电波和红外线作为传输介质。其中红外线的基本速率为1MB/s，仅适用于近距离的无线传输，而且有很强的方向性，而无线电波的覆盖范围较广，应用较广泛，是常用的无线传输媒体。我国一般使用2.4～2.4835GHz频段的无线电波进行局域网的无线通信。作为无线通信的桥梁，无线网桥也采用了微波通信技术，多工作于5.8GHz频段。

2.卫星通信

借助于太空中通信卫星的转发实现远距离通信，且通信费用与通信距离无关。同步地球卫星发射出的电磁波能辐射到地球上的通信覆盖区的跨度达18000km，面积约占全球的三分之一。只要在地球赤道上空的同步轨道上等距离地放置3颗相隔120°的卫星，就能基本上实现全球的通信。和微波接力通信相似，卫星通信的频带很宽，通信容量很大，信号所受到的干扰也较小，通信比较稳定。卫星通信常用的3个频段见表3-2。

表3-2　卫星通信常用的3个频段

波段	频率，GHz	下行，GHz	上行，GHz	主要问题
C	4/6	3.7～4.2	5.925～6.425	地面上的干扰
Ku	11/14	11.7～12.2	14.0～14.5	受降雨影响
Ka	20/30	17.7～21.7	27.5～30.5	受降雨影响；设备价格贵

第四章　数据链路层

本章着重介绍点对点信道、点对点协议PPP以及共享信道的局域网及相关协议等。

第一节　数据链路层模型及服务

数据链路层属于计算机网络的低层，数据链路层使用的信道主要有以下两种类型：点对点信道—这种信道使用一对一的点对点通信方式；广播信道—这种信道使用一对多的广播通信方式，因此过程比较复杂。

广播信道上连接的主机很多，因此必须使用专用的共享信道协议来协调这些主机的数据发送。

一、数据链路层的简单模型

数据链路层的简单模型如图4-1所示，图4-1(a)表示用户主H_1通过电话线上网，中间经过三个路由器(R_1、R_2和R_3)连接到远程主机H_2。所经过的网络可以是多种的，如电话网、局域网和广域网。当主机H_1向H_2发送数据时，从协议的层次上看，数据的流动如图4-1(b)所示。主机H_1和H_2都有完整的五层协议栈，但路由器在转发分组时使用的协议栈只有下面的三层。数据进入路由器后要先从物理层上到网络层，在转发表中找到下一跳的地址后，再下到物理层转发出去。因此，数据从主机H_1传送到主机H_2需要在路径中的各结点的协议栈向上和向下流动多次，如图中的箭头所示。

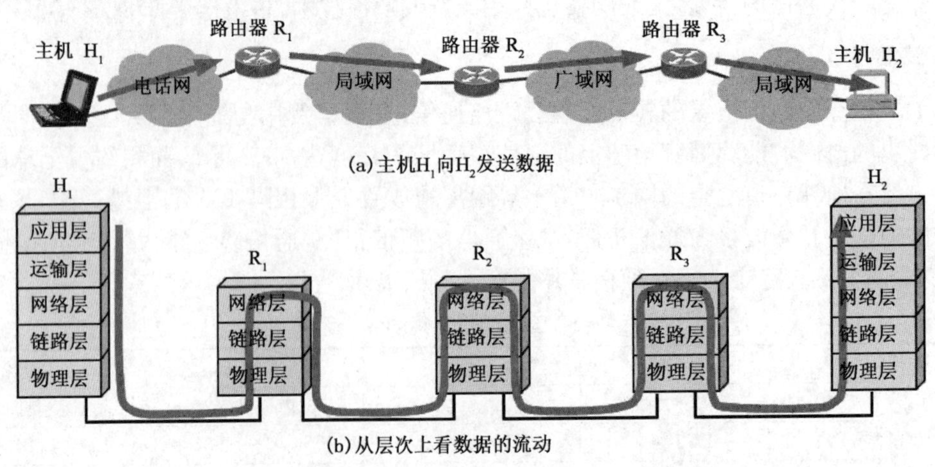

图4-1　数据链路层的简单模型

若专注研究数据链路层，我们可以只关心在协议栈中水平方向的各数据链路层。于是，当主机 H_1 向主机 H_2 发送数据时，我们可以想象数据就是在数据链路层从左向右沿水平方向传送，如图 4-2 中从左到右的粗箭头所示，即通过以下这样的链路：H_1 的链路层→R_1 的链路层→R_2 的链路层→R_3 的链路层→H_2 的链路层。

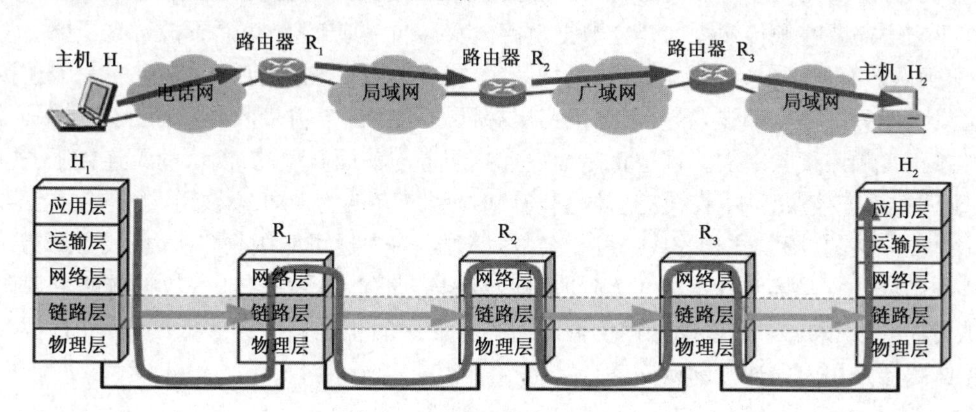

图 4-2　只考虑数据在链路层的流动

由图 4-2 可知，从数据链路层来看，H_1 到 H_2 的通信可以看成是由四段不同的链路层通信组成，即：H_1→R_1，R_1→R_2，R_2→R_3 和 R_3→H_2。这四段不同的链路层可能采用不同的数据链路层协议。

二、数据链路层的功能

1. 数据链路层提供的网络通信功能

(1)链路管理：数据链路的建立、维持、释放。

(2)帧同步：通信接收方能从接收到的比特流中划分出帧的开始与结束。

(3)流量控制：通信发送方发送的数据必须使收方能来得及接收。

(4)差错控制：保证低差错率、向前纠错和检错重传。

(5)将数据和控制信息分开。

(6)透明传输：能传输任何比特流，当数据比特中出现控制信息组合时，能采取措施避免。

(7)寻址：保证每一帧都能达到正确的目的地，接收方也能知道发送方是谁。

2. 数据链路层提供的网络服务功能

(1)不确认的无连接服务：不确认的无连接服务是指源计算机向目标计算机发送独立的帧，目标计算机并不对这些帧进行确认。这种服务，事先无需建立逻辑连接，事后也不用解释逻辑连接。

正因如此，如果由于线路上的原因造成某一帧的数据丢失，则数据链路层并不会检测到这样的丢失帧，也不会恢复这些帧。出现这种情况的后果是可想而知的，当然在错误率很低，或者对数据的完整性要求不高的情况下(如话音数据)，这样的服务还是非常有用的，因为这样简单的错误可以交给 OSI 上面的各层来恢复。大多数局域网在数据链路层所采用的服务也是不确认的无连接服务。

(2)确认的无连接服务(令牌环):在这种连接服务中,源主机数据链路层必须对每个发送的数据帧进行编号,目的主机数据链路层也必须对每个接收的数据帧进行确认。如果源主机数据链路层在规定的时间内未接收到所发送的数据帧的确认,那么它需要重发该帧。

这类服务主要用于不可靠信道,如无线通信系统。它与"有确认的面向连接服务"的不同之处在于它不需要在帧传输之前建立数据链路,也不要在帧传输结束后释放数据链路。

(3)确认的有连接服务:源计算机和目标计算机在传输数据之前需要先建立一个连接,该连接上发送的每一帧也都被编号,数据链路层保证每一帧都会被接收到。而且它还保证每一帧只被按正常顺序接收一次。这也正是面向连接服务与前面介绍的"确认的无连接服务"的区别,在确认的无连接服务中,在没有检测到确认时,系统会认为对方未收到,于是会重发数据,而由于是无连接的,所以这样的数据可能会复发多次,对方也可能接收多次,造成数据错误。

这种确认的有连接服务存在3个阶段,即:数据链路建立、数据传输、数据链路释放阶段。每个被传输的帧都被编号,以确保帧传输的内容与顺序的正确性。大多数广域网的通信子网的数据链路层采用面向连接确认服务。

第二节　使用点对点信道的数据链路层

一、数据链路和帧

1. 数据链路

链路(Link)是一条无源的点到点的物理线路段,中间没有任何其他的交换结点。在进行数据通信时,两个计算机之间的通信路径往往要经过许多段这样的链路。可见链路只是一条路径的组成部分。

数据链路(Data Link)除了物理线路外,还必须有通信协议来控制这些数据的传输。若把实现这些协议的硬件和软件加到链路上,就构成了数据链路。

现在最常用的方法是使用网络适配器(如拨号上网使用拨号适配器,以及通过以太网上网使用局域网适配器)来实现这些协议的硬件和软件。一般的适配器都包括了数据链路层和物理层这两层的功能。

2. 帧

下面介绍点对点信道的数据链路层的协议数据单元PDU—帧。

数据链路层把网络层传下来的数据构成帧发送到链路上,以及把接收到的帧中的数据取出并上交给网络层。在因特网中,网络层协议数据单元就是IP数据报(简称为数据报、分组或包)。

为了把主要精力放在点对点信道的数据链路层协议上,可以采用如图4-3(a)所示的三层模型。在这种三层模型中,不管在哪一段链路上的通信(主机和路由器之间或两个路由器之间),我们都看成是结点和结点的通信(如图中的结点A和B),而每个结点只有下三层—网络层、数据链路层和物理层。

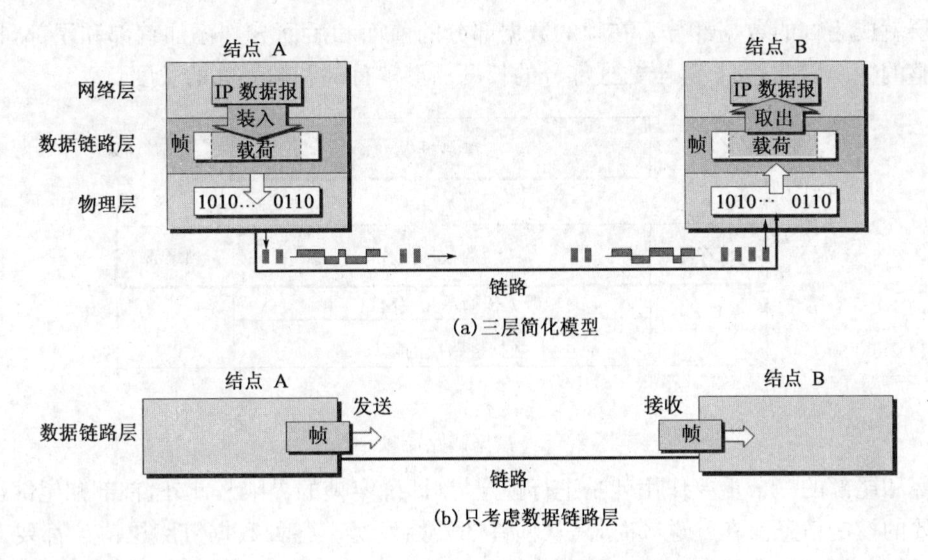

图 4-3　使用点对点信道的数据链路层

点对点信道的数据链路层在进行通信时的主要步骤如下：

(1)结点 A 的数据链路层把网络层传下来的 IP 数据报添加首部和尾部封装成帧。

(2)结点 A 把封装好的帧发送给结点 B 的数据链路层。

(3)若结点 B 的数据链路层收到的帧无差错，则从收到的帧中提取出 IP 数据报上交给上面的网络层，否则丢弃这个帧。

数据链路层不必考虑物理层如何实现比特传输的细节。可以更简单地设想好像是沿着两个数据链路层之间的水平方向把帧直接发送到对方，如图 4-3(b)所示。

常常在两个对等的数据链路层之间画出一个数字管道，如图 4-4 所示，而在这条数字管道上传输的数据单位是帧。

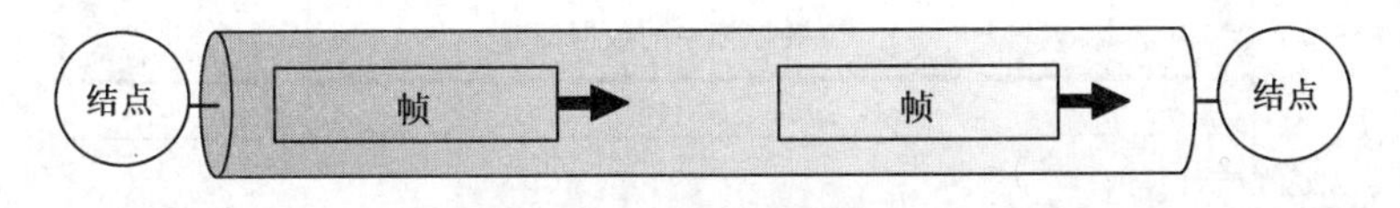

图 4-4　两个对等数据链路层

二、数据链路层协议的三个基本问题

数据链路层协议有许多种，但有三个基本问题则是共同的。封装成帧、透明传输和差错检测。下面分别讨论这三个基本问题。

1. 封装成帧

封装成帧(Framing)就是在一段数据的前后分别添加首部和尾部，这样就构成了一个帧。首部和尾部用于确定帧的界限，接收端在收到物理层上交的比特流后，就能根据首部和尾部的标记，从收到的比特流中识别帧的开始和结束。

图 4-5 表示用帧首部和帧尾部封装成帧。我们知道，分组交换的一个重要概念就是所有在因特网上传送的数据都是以分组(即 IP 数据报)为传送单位。网络层的 IP 数据报传送到数

据链路层就成为帧的数据部分。在帧的数据部分的前面和后面分别添加首部和尾部，构成了一个完整的帧。因此，帧长等于数据部分的长度加上帧首部和帧尾部的长度。

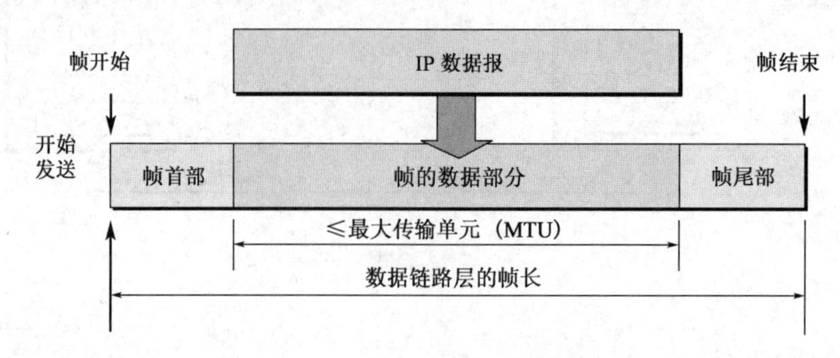

图 4-5　数据链路层帧结构

首部和尾部的一个重要作用就是进行帧定界(即确定帧的界限)，此外，首部和尾部还包括许多必要的控制信息。在发送帧时，是从帧首部开始发送。各种数据链路层协议都要对帧首部和帧尾部的格式有明确的规定。显然，为了提高帧的传输效率，应当使帧的数据部分长度尽可能地大于首部和尾部的长度。图 4-5 给出了帧的首部和尾部的位置，以及帧的数据部分与最大传输单元(MTU)的关系。

利用控制字符实现帧定界：ASCII 码是 7 位编码，一共可组合成 128 个不同的 ASCII 码，其中可打印的有 95 个，而不可打印的控制字符有 33 个。如图 4-6 所示控制字符 SOH(Start of Header)放在一帧的最前面，表示帧的开始。另一个控制字符 EOT(End of Transmission)表示帧的结束。请注意，SOH 和 EOT 都是控制字符的名称。它们的十六进制编码分别是 01(二进制是 00000001)和 04(二进制是 00000100)。

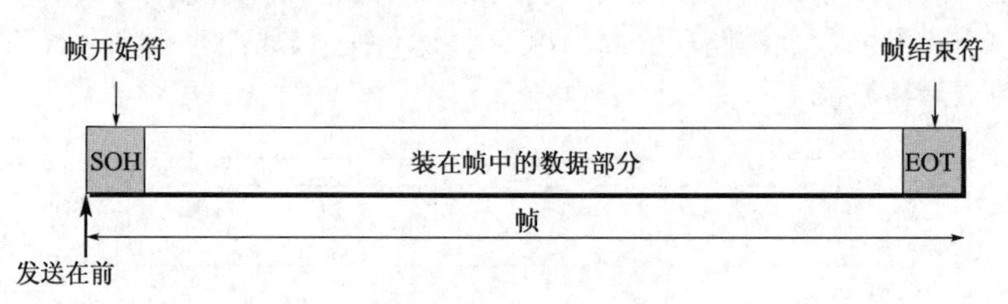

图 4-6　用控制字符实现帧定界

当数据在传输中出现差错时，帧定界符的作用更加明显。假定发送端在尚未发送完一个帧时突然出现故障，中断了发送。但随后很快又恢复正常，于是重新开始发送刚才未发送完的帧。由于使用了帧定界符，在接收端就知道前面收到的数据是个不完整的帧(只有首部开始符 SOH 而没有传输结束符 EOT)，必须丢弃，而后面收到的数据有明确的帧定界符(SOH 和 EOT)，因此这是一个完整的帧应当收下。

2. 透明传输

由于帧的开始和结束的标记是使用专门指明的控制字符，因此，所传输数据中的 8 比特二进制码一定不允许和用作帧定界的控制字符的比特编码一样，否则就会出现帧定界的错误。

(1)若传送的帧是用文本文件组成的帧时(文本文件中的字符都是从键盘上输入的)，其数据部分显然不会出 SOH 或 EOT 这样的帧定界控制字符。可见，不管从键盘上输入什么字符都可以放在这样的帧中传输过去，因此这样的传输就是透明传输。

(2)然而当数据部分是非 ASCII 码的文本文件时(如二进制代码的计算机程序或图像等)，情况就不同了，如果数据中的某个字节的二进制代码恰好和 SOH 或 EOT 这种控制字符一样(图 4－7)，数据链路层就会错误地"找到帧的边界"，把部分帧收下(误认为是个完整的帧)，而把剩下的那部分数据丢弃(这部分找不到帧定界控制字符 SOH)。

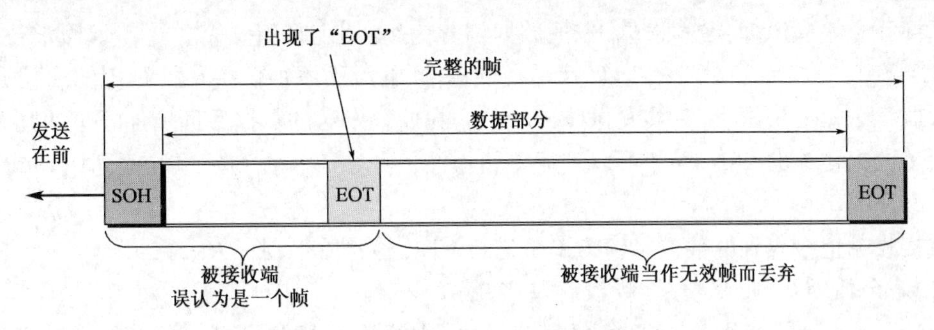

图 4－7　透明传输控制字符的实现

上述帧的传输显然就不是"透明传输"，因为当遇到数据中碰巧出现字符"EOT"时就传不过去了。数据中的"EOT"将被接收端错误地解释为"传输结束"的控制字符，在其后面的数据因找不到"SOH"而被接收端当作是无效帧而丢弃。但实际上在数据中出现的字符"EOT"并非控制字符而仅仅是二进制数据 00000100。

为了解决透明传输问题，就必须设法使被传输的数据"00000001"和"00000100"在接收端不被解释为控制字符。具体的方法是：发送端的数据链路层在"00000001"和"00000100"这样的数据前面插入一个转义字符"ESC"(其十六进制编码是 1B)。而在接收端的数据链路层在将数据送往网络层之前删除这个插入的转义字符。这种方法称为字节填充(Byte Stuffing)或字符填充(Character Stuffing)。如果转义字符也出现数据当中，那么解决方法仍然是在转义字符的前面插入一个转义字符。因此，当接收端收到连续的两个转义字符时，就删除前面的一个。图 4－8 表示用字节填充法解决透明传输的问题。

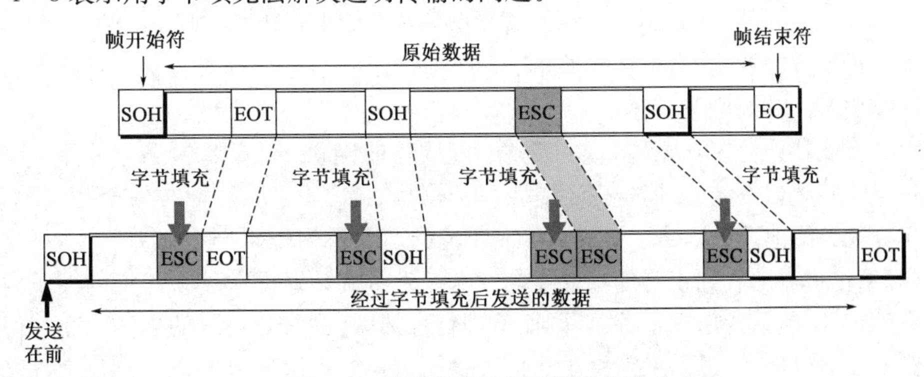

图 4－8　字节填充法解决透明传输

3. 差错检测

通信链路不可能是理想的，数据比特流在传输过程中可能会产生差错：1 可能会变成 0，而 0 也可能变成 1，叫比特差错。比特差错是传输差错中的一种。在一段时间内，传输错误的比特占所传输比特总数的比率称为误码率(Bit Error Rate,BER)。例如,误码率为 10^{-10} 时,表示平均每传送 10^{10} 个比特就会出现一个比特的差错。误码率与信噪比有很大的关系,提高信噪比,可降低误码率。因此,为了保证数据传输的可靠性,在计算机网络传输数据时,必须采用各种差错检测措施。目前在数据链路层广泛使用了循环冗余检验(Cyclic Redundancy Check,CRC)的检错技术。

循环冗余检验原理:在发送端,先把数据划分为组,假定每组 k 个比特。现假定待传送的数据 M=101001(k=6)。CRC 运算就是在数据 M 的后面添加供差错检测用的 n 位冗余码,然后构成一个帧发送出去,一共发送($k+n$)位。在所要发送的数据后面增加 n 位的冗余码,虽然增大了数据传输的开销,但却可以进行差错检测。冗余码常称为帧检验序列(Frame Check Sequence,FCS)。

在接收端把接收到的数据以帧为单位进行 CRC 检验后得到一项余数:

(1)若余数为 0,则判定这个帧没有差错,就接受它。

(2)若余数不为 0,则判定这个帧有差错(但无法确定究竟是哪一位或哪几位出现了差错),就丢弃。在数据链路层,发送端帧检验序列 FCS 的生成和接收端的 CRC 检验都是用硬件完成的,处理很迅速,因此并不会延误数据的传输。

以上的讨论不难看出,如果我们在传送数据时不以帧为单位来传送,那么就无法加入冗余码以进行差错检验。因此,如果要在数据链路层进行差错检验,就必须把数据划分为帧,每一帧都加上冗余码,一帧接一帧地传送,然后在接收方逐帧进行差错检验。

注意:在数据链路层若仅仅使用循环冗余检验 CRC 差错检测技术,则只能做到对帧的无差错接受(余数为 0)。事实上,对于余数不为 0 的帧,接收到的数据不一定全是错误的。

传输差错除比特差错外还有帧丢失、帧重复或帧失序。例如,发送方连续传送三个帧:[#1]—[#2]—[#3]。假定在接收端收到的却有可能出现下面的情况:

帧丢失:收到[#1]—[#3]丢失[#2]。

帧重复:收到[#1]—[#2]—[#2]—[#3](收到两个[#2])。

帧失序:收到[#1]—[#3]—[#2](后发送的帧反而先到达了接收端)。

以上三种情况都属于“出现传输差错”,而不是“比特差错”。帧丢失很容易理解。但出现帧重复和帧失序的情况则较为复杂。

总之,“无比特差错”与“无传输差错”并不是同样的概念。在数据链路层使用 CRC 检验,能够实现无比特差错的传输,但这还不是可靠传输。

OSI 要求必须把数据链路层做成是可靠传输的。因此在 CRC 检错的基础上,增加了帧编号、确认和重传机制。收到正确的帧就要向发送端发送确认。发送端在一定的期限内若没有收到对方的确认,就认为出现了差错,因而就进行重传,直到收到对方的确认为止。但现在的通信线路的质量已经大大提高了,由于通信链路质量不好引起差错的概率已经大大降低。因此,因特网广泛使用的数据链路层协议都不使用确认和重传机制,即不要求数据链路层向上提供可靠传输的服务(因为这要付出的代价太高,不合算)。如果在数据链路层传输数据时出现了差错并且需要进行改正,那么改正差错的任务就由上层协议(例如,运输层的 TCP 协议)来完成。实践证明,这样做可以提高通信效率。

第三节　点对点协议 PPP

在通信线路质量较差的年代，在数据链路层使用可靠传输协议曾经是一种好办法。因此，能实现可靠传输的高级数据链路控制（High Level Data Link Control，HDLC）就成为当时比较流行的数据链路层协议。但现在 HDLC 已很少使用了。对于点对点的链路，简单得多的点对点协议（Point to Point Protocol，PPP）则是目前使用得最广泛的数据链路层协议。

一、PPP 协议的特点

因特网用户通常都要连接到某个互联网服务提供商（Internet Service Provider，ISP）才能接入因特网。PPP 协议就是用户计算机和 ISP 进行通信时所使用的数据链路层协议（图 4－9）。

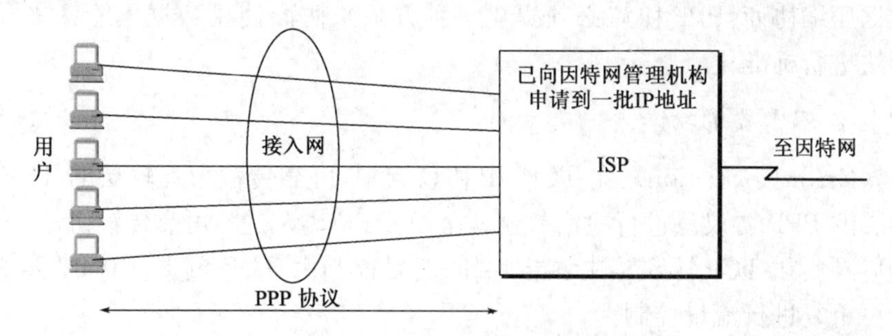

图 4－9　数据链路层协议

PPP 协议是国际互联网工程任务组（The Internet Engineering Task Force，IETF）在 1992 年制定的。经过 1993 年和 1994 年的修订，现在使用的 PPP 协议在 1994 年就已成为因特网的正式标准。

1. PPP 协议应满足的需求

（1）简单：就是对数据链路层的帧不需要纠错，不需要序号，也不需要流量控制。接收方每收到一个帧，就进行 CRC 检验，如 CRC 检验正确，就收下这个帧；反之，就丢弃这个帧，其他什么也不需要做。简单的 PPP 协议提高了不同厂商对协议不同实现的互操作性。

（2）封装成帧：PPP 协议必须规定特殊的字符作为帧定界符，以便使接收端从收到的比特流中能准确地找出帧的开始和结束位置。

（3）透明性：PPP 协议必须保证数据传输的透明性。这就是说，如果数据中碰巧出现了和帧定界符一样的比特组合时，就要采取有效的措施来解决这个问题。

（4）多种网络层协议：PPP 协议必须能够在同一条物理链路上同时支持多种网络层协议（如 IP 和 IPX 等）的运行。当点对点链路所连接的是局域网或路由器时，PPP 协议必须同时支持在链路所连接的局域网或路由器上运行的各种网络层协议。

（5）多种类型链路：除了要支持多种网络层的协议外，PPP 还必须能够在多种类型的链路上运行。PPPOE 就是 PPP 协议能够适应多种类型链路的一个典型例子。PPPOE 是为宽带上网的主机使用的链路层协议，宽带上网时由于数据传输速率较高，因此可以让多个连接在以太网上的用户共享一条到ISP的宽带链路。

(6)差错检测(Error Detection):PPP协议必须能够对接收端收到的帧进行检测,并立即丢弃有差错的帧。

(7)检测连接状态:PPP协议必须具有一种机制能够及时(不超过几分钟)自动检测出链路是否处于正常工作状态。当出现故障的链路隔了一段时间后又重新恢复正常工作时,就特别需要有这种及时检测功能。

(8)最大传送单元:PPP协议必须对每一种类型的点对点链路设置最大传送单元MTU的标准默认值。这样做是为了促进各种实现之间的互操作性。

(9)网络层地址协商:PPP协议必须提供一种机制使通信的两个网络层(例如两个IP层)的实体能够通过协商知道或能够配置彼此的网络层地址。协商的算法应尽可能简单,并且能够在所有情况下得出协商结果。

(10)数据压缩协商:PPP协议必须提供一种方法来协商使用数据压缩算法,但不要求将数据压缩算法进行标准化。

2. PPP协议不需要的功能

(1)纠错(Error Correction):在TCP/IP协议族中,可靠传输由运输层的TCP协议负责,而数据链路层的PPP协议只进行检错。这就是说,PPP协议是不可靠传输协议。

(2)流量控制:在TCP协议族中,端到端的流量控制由TCP负责,因而链路级的PPP协议就不需要再重复进行流量控制。

(3)序号:PPP不是可靠传输协议,因此不需要使用帧的序号。在噪声较大的环境下,如无线网络,则可以使用有序号的工作方式,这样就可以提供可靠传输服务。

(4)多点线路:PPP协议不支持多点线路,而只支持点对点的链路通信。

(5)半双工或单工链路:PPP协议只支持全双工链路。

3. PPP协议的组成

PPP协议有三个组成部分:

(1)一个将IP数据报封装到串行链路的方法。PPP既支持异步链路(无奇偶检验的8比特数据),也支持面向比特的同步链路。IP数据报在PPP帧中就是其信息部分。这个信息部分的长度受最大传送单元MTU的限制。

(2)一个用来建立、配置和测试数据链路连接的链路控制协议(Link Control Protocol,LCP),通信的双方可协商一些选项。

(3)一套网络控制协议(Network Control Protocol,NCP),其中的每一个协议支持不同的网络层协议。

二、PPP协议的帧格式

1. 字段的意义

PPP的帧格式如图4-10所示。PPP帧的首部和尾部分别为4个字段和2个字段。首部的第一个字段和尾部的第二个字段都是标志字段(Flag),规定为0x7E(二进制表示是

01111110)。标志字段表示一个帧的开始或结束，因此标志字段就是PPP帧的定界符。连续两帧之间只需要用一个标志字段。如果出现连续两个标志字段，就表示这是一个空帧，应当丢弃。首部中的地址字段A规定为0xFF(即11111111)，控制字段C规定为0x03(即00000011)。这两个字段实际上并没有携带PPP帧的信息。PPP是面向字节的，所有的PPP帧的长度都是整数字节。

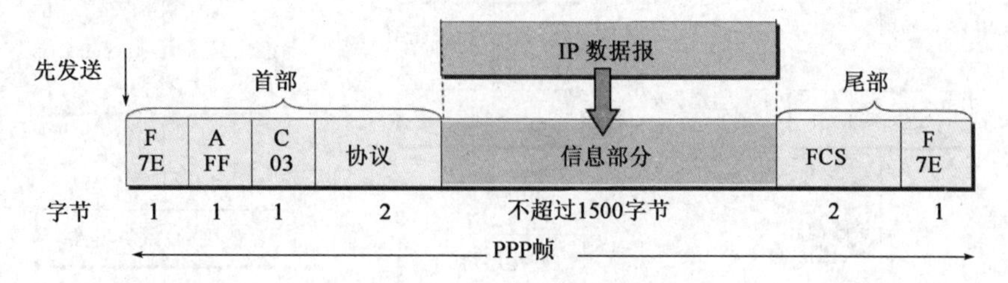

图4-10　PPP协议帧格式

PPP首部的第四个字段是2字节的协议字段。当协议字段为0x0021时，PPP帧的信息字段就是IP数据报；若为0xc021，则信息字段是PPP链路控制协议LCP的数据；而0x8021表示这是网络层的控制数据。信息字段的长度是可变的，不超过1500字节。尾部中的第一个字段(2字节)是使用CRC的帧检验序列FCS。

2. 字节填充

当信息字段中出现和标志字段一样的比特(0x7E)组合时，就必须采取一些措施使这种形式上和标志字段一样的比特组合不出现在信息字段中。

当PPP使用异步传输时，它把转义符定义为0x7D，并使用字节填充方法来实现透明传输。由于在发送端进行了字节填充，因此在链路上传送的信息字节数就超过了原来的信息字节数。但接收端在收到数据后再进行与发送端字节填充相反的变换，就可以正确地恢复原来的信息。

3. 零比特填充

PPP协议应用在SONET/SDH链路时，是使用同步传输(一连串的比特连续传送)而不是异步传输(逐个字符地传送)。在这种情况下，PPP协议采用零比特填充方法来实现透明传输。

三、PPP协议的工作状态

PPP协议的工作状态包括:(1)链路静止；(2)链路建立；(3)鉴别；(4)网络层协议；(5)链路打开；(6)链路终止。

PPP协议的工作过程如图4-11所示。

(1)建立物理连接用户拨号呼叫ISP，ISP侧的调制解调器应答，可以传送数据。

(2)进行链路配置PC向路由器发送(一系列)LCP分组(可能封装成多个帧)，选择参数，建立连接。

(3)进行网络层配置给PC分配一个(临时的)IP地址，使其成为因特网上的一个主机。

(4)通信完毕。

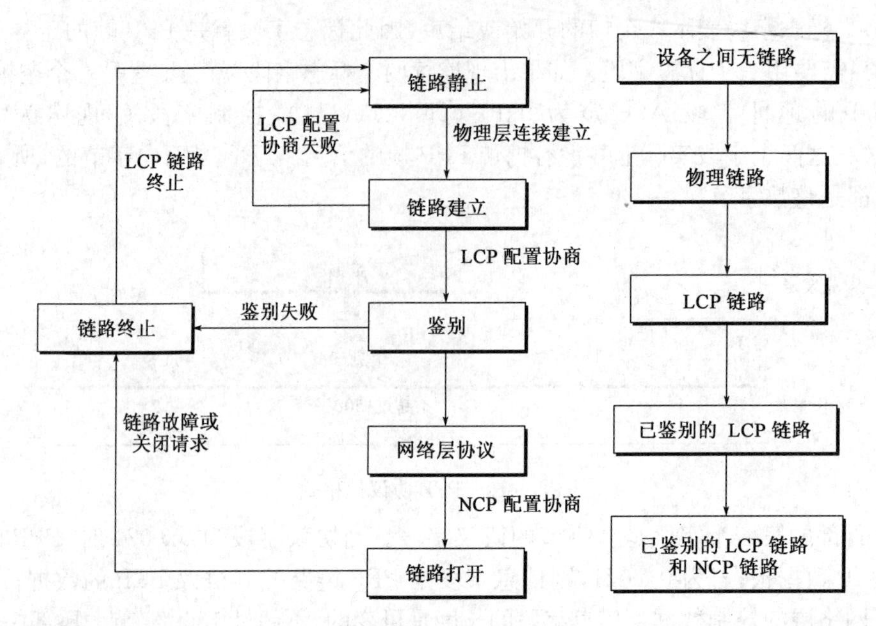

图 4-11　PPP 协议的工作过程

NCP 释放网络层连接，收回原来分配出去的 IP 地址；LCP 释放数据链路层连接；MODEM 释放物理连接。

第四节　使用广播信道的数据链路层

局域网是在 20 世纪 70 年代末发展起来的。局域网技术在计算机网络中占有非常重要的地位。局域网使用的就是广播信道，可以进行一对多的通信。

一、局域网的数据链路层

局域网最主要的特点是：网络为一个单位所拥有，且地理范围和站点数目均有限。

1. 局域网的主要优点

(1)具有了广播功能，从一个站点可很方便地访问全网。局域网上的主机可共享连接在局域网上的各种硬件和软件资源。

(2)便于系统的扩展和逐渐地演变，各设备的位置可灵活调整和改变。

(3)提高了系统的可靠性(Reliability)、可用性(Availability)和生存性(Survivability)。

2. 局域网的拓扑结构

局域网可按网络拓扑进行分类。图 4-12(a)是星形网，由于集线器(hub)的出现和双绞线大量用于局域网中，星形以太网以及多级星形结构的以太网获得了非常广泛的应用。图 4-12(b)是环形网，最典型的就是令牌环形网(token ring)，简称为令牌环。图 4-12(c)为总线网，各站直接连在总线上。总线两端的匹配电阻吸收在总线上传播的电磁波信号的能量，避免在总线上产生有害的电磁波反射。总线网使用传统以太网使用的 CSMA/CD 协议。图 4-12(d)是树形网，它是总线网的变型，都属于使用广播信道的网络，主要用于频分复用的宽带局域网。

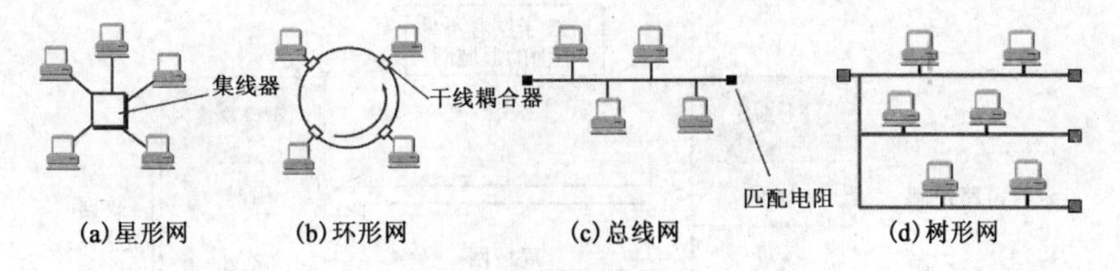

图 4-12　局域网的拓扑

局域网经过了近 30 年的发展，尤其是在快速以太网(100Mb/s)和吉比特以太网(1Gb/s)、10 吉比特以太网(10Gb/s)进入市场后，以太网已经在局域网市场中占据了绝对优势。

局域网可使用多种传输媒体(介质)。双绞线最便宜，现在 10Mb/s 甚至 100Mb/s 乃至 1Gb/s 的局域网都可以使用双绞线。双绞线已成为局域网中的主流传输媒体。光纤具有很好的抗电磁扰特性和很宽的频带，主要用在环形网中，其数据率可达 100Mb/s 甚至达到 10Gb/s。现在技术发展很快，点对点线路使用光纤也已相当普遍。

必须指出，局域网工作的层次跨越了数据链路层和物理层。共享信道要着重考虑的一个问题就是如何使众多用户能够合理而方便地共享通信媒体资源。这在技术上有两种方法：

(1)静态划分信道，如频分复用、时分复用、波分复用和码分复用等，用户只要分配到了信道，就不会和其他用户发生冲突。但这种划分信道的方法代价较高，不适合局域网使用。

(2)动态媒体接入控制，又称为多点接入(Multiple Access)，其特点是信道并非在用户通信时固定分配给用户。这里又分为以下两类：

①随机接入，随机接入的特点是所有的用户可随机地发送信息。但如果恰巧有两个或更多的用户在同一时刻发送信息，那么在共享媒体上就要产生碰撞(即发生了冲突)，使得这些用户的发送都失败。因此，必须有解决碰撞的网络协议。

②受控接入，受控接入的特点是用户不能随机地发送信息而必须服从一定的控制。这类的典型代表有分散控制的令牌环局域网和集中控制的多点线路探询(Pooing)或称为轮询。

下面重点讨论随机接入的以太网。

3. 以太网的两个标准

1982 年 DIXEthemetV2 成为世界上第一个局域网产品的规约。在此基础上，IEEE802 委员会的 802.3 工作组于 1983 年制定了第一个 IEEE 的以太网标准 IEEE802.3，数据率为 10Mb/s。以太网的两个标准 DIXEthemetV2 与 IEEE802.3 标准只有很小的差别，因此很多人也常把 802.3 局域网简称为“以太网”。以后，IEEE802 委员会还制定了几个不同的局域网标准，如 802.4 令牌总线网、802.5 令牌环网等。

为了使数据链路层能更好地适应多种局域网标准，IEEE802 委员会把局域网的数据链路层拆成两个子层，即逻辑链路控制(Logical Link Control，LLC)子层和媒体接入控制(Medium Access Control，MAC)子层，与接入到传输媒体有关的内容都放在 MAC 层，而 LLC 子层则与传输媒体无关。不管采用何种传输媒体和 MAC 子层的局域网，对 LLC 子层来说都是透明的(图 4-13)。

由于因特网发展很快，TCP/IP 体系经常使用的局域网只剩下 DIXEthernetV2 而不是

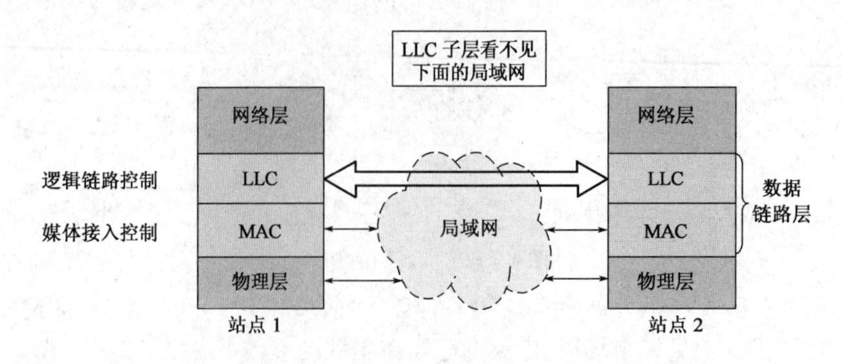

图 4-13　数据链路层结构拆分示意图

IEEE802.3 标准中的局域网，因此现在 IEEE802 委员会制定的逻辑链路控制子层 LLC 的作用已经消失了，很多厂商生产的适配器上就仅装有 MAC 协议而没有 LLC 协议，以后以太网就不再考虑 LLC 子层了。

4. 适配器（网卡）的作用

计算机与外界局域网的连接是通过通信适配器（Adapter），又称网卡。适配器可以是独立的，也可以是集成的。适配器上有单独的处理器和存储器（包括 RAM 和 ROM）。适配器和局域网之间的通信是通过电缆或双经线以串行传输方式进行的，而适配器和计算机之间的通信则是通过计算机主板上的 I/O 总线以并行传输方式进行的。

适配器（网卡）的重要功能：

（1）进行数据串行传输和并行传输的转换。

（2）对数据进行缓存，由于网络上的数据率和计算机总线上的数据率并不相同，因此在适配器中必须装有对数据进行缓存的存储芯片。

（3）把管理该适配器的设备驱动程序安装在计算机的操作系统中。这个驱动程序以后就会告诉适配器，应当从存储器的什么位置把多长的数据块发送到局域网，或者应当在存储器的什么位置上把局域网传送过来的数据块存储下来。

（4）适配器还要能够实现以太网协议。

适配器接收和发送各种帧时不使用计算机的 CPU。这时 CPU 可以处理其他任务。当适配器收到有差错的帧时，就把这个帧丢弃而不必通知计算机；当适配器收到正确的帧时，它就使用中断来通知该计算机并交付给协议栈中的网络层。当计算机要发送 IP 数据报时，就由协议栈把 IP 数据报向下交给适配器，组装成帧后发送到局域网。图 4-14 表示适配器的作用。

特别要注意，计算机的硬件地址就在适配器的 ROM 中，而计算机的软件地址——IP 地址则在计算机的存储器中。

二、CSMA/CD 协议

1. CSMA/CD 协议的技术要点

人们常把局域网上的计算机称为“主机”“工作站”“站点”或“站”，为保证网络通信的正常，

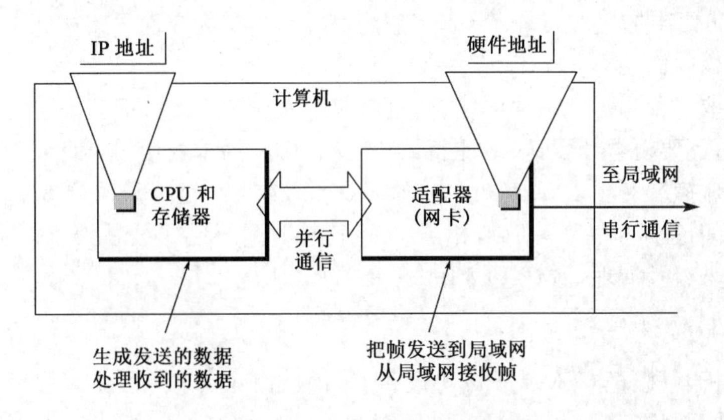

图 4-14　适配器的功能

以太网采取了较为灵活的无连接工作方式和曼彻斯特数据编码信号以及协调总线上计算机工作的方法。

如何协调总线上各计算机的工作？我们知道，总线上只要有一台计算机在发送数据，总线的传输资源就被占用。因此，在同一时间只能允许一台计算机发送信息，否则各计算机之间就会互相干扰，结果用户都无法正常发送数据。

以太网采用的协调方法是使用一种特殊的协议 CSMA/CD，它是载波监听多点接入/碰撞检测(Carrier Sense Multiple Access with Collision Detection)的缩写。CSMA/CD 协议的技术要点：

(1)“多点接入”。许多计算机以多点接入的方式连接在一根总线上。协议的实质是“载波监听”和“碰撞检测”。

(2)“载波监听”。就是“发送前先监听”，即每一个站在发送数据之前先要检测一下总线上是否有其他站在发送数据，如果有，则暂时不要发送数据，要等待信道变为空闲时再发送。其实总线上并没有什么“载波”，“载波监听”就是用电子技术检测总线上是否有其他计算机发送的数据信号。

(3)“碰撞检测”。就是“边发送边监听”，即适配器边发送数据边检测信道上信号电压的变化情况，以便判断自己在发送数据时其他站是否也在发送数据。当几个站同时在总线上发送数据时，总线上的信号电压变化幅度将会增大(互相叠加)。当适配器检测到的信号电压变化幅度超过一定的门限值时，就认为总线上至少有两个站同时在发送数据，表明产生了碰撞即发生了冲突。这时，总线上传输的信号产生了严重的失真，无法从中恢复出有用的信息。因此，每一个正在发送数据的站，一旦发现总线上出现了碰撞，适配器就要立即停止发送，以免继续浪费网络资源，然后等待一段随机时间后再次发送。

适配器每发送一个新的帧，就要执行一次 CSMA/CD 算法。在使用 CSMA/CD 协议时，一个站不可能同时进行发送和接收，因此使用 CSMA/CD 协议的以太网不可能进行全双工通信而只能进行双向交替通信(半双工通信)。

此外，通过分析可知，以太网在发送数据时，如果帧的前 64 字节没有发生冲突，那么后续的数据就不会发生冲突。换句话说，如果发生冲突，就一定是在发送的前 64 字节之内。由于检测到冲突就立即停止发送，这时已经发送出去的数据一定小于 64 字节。因此以太网限定了最短有效帧长为 64 字节，凡长度小于 64 字节的帧都是由于冲突而异常中止的无效帧，收到了这种无效帧就应当立即丢弃。

以太网还采取一种叫强化碰撞的措施，这就是当发送数据的帧一旦发生了碰撞，除了立即停止发送数据外，还要再继续发送 32 比特或 48 比特的人为干扰信号，以便让所有用户都知道现在已经发生了碰撞。对于 10Mb/s 以太网，发送 32（或 48）比特只需要 3.2（或 4.8）μs。以太网还规定了帧间最小间隔为 9.6μs，相当于 96 比特时间。这样做是为了使刚刚收到数据帧的站的接收缓存来得及清理，做好接收下一帧的准备。

2. CSMA/CD 协议要点

根据以上分析，可以把 CSMA/CD 协议要点归纳如下：

（1）适配器从网络层获得一个分组，加上以太网的首部和尾部组成以太网帧，放入适配器的缓存中，准备发送。

（2）若适配器检测到通信空闲（即在 96 比特时间内没有检测到信道上有信号），就发送这个帧；若检测到信道忙，则继续检测并等待信道转为空闲（加上 96 比特时间），然后发送这个帧。

（3）在发送过程中持续检测信道，若一直未检测到碰撞，就顺利把这个帧成功发送完毕；若检测到碰撞，则终止数据的发送，并发送人为干扰信号。

（4）在中止发送后，适配器就执行指数退避算法，等待一定时间后，返回到步骤（2）。

第五节　使用广播信道的以太网

一、使用集线器的星形拓扑

1. 使用集线器的星形拓扑

采用星形拓扑的以太网，在星形的中心增加了一种可靠性非常高的设备，叫集线器（hub），如图 4－15 所示。双绞线以太网总是和集线器配合使用的。每个站需要用两对无屏蔽双绞线（四芯电缆），在双绞线两端使用 RJ－45 插头。由于集线器使用了大规模集成电路芯片，因此集线器的可靠性就大大提高了。1990 年 IEEE 制定出星形以太网 10BASE-T 的标准 802.3i，其中“10”代表 10Mb/s 的数据率，BASE 表示连接线上的信号是基带信号，T 代表双绞线。但 10BASE-T 以太网的通信距离稍短，每个站到集线器的距离不超过 100m。

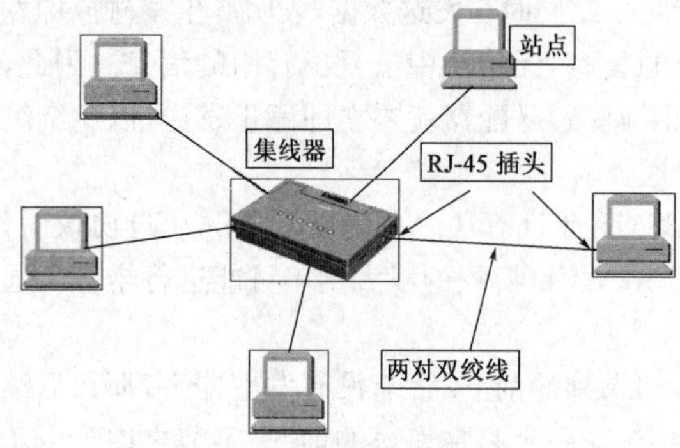

图 4－15　使用集线器的双绞线以太网

2. 集线器的特点

集线器的特点如下：

（1）从表面上看，使用集线器的局域网在物理上是一个星形网，但由于集线器是使用电子器件来模拟实际电缆线的工作，因此整个系统仍像一个传统以太网那样运行。也就是说，使用集线器的以太网在逻辑上仍是一个总线网，各站共享逻辑上的总线，使用的还是CSMA/CD协议，网络中的各站必须竞争对传输媒体的控制，并且在同一时刻至多只允许一个站发送数据。因此这种10BASE-T以太网又称为星形总线(Star-Shaped Bus)或盒中总线(Bus in a Box)。

(2)一个集线器有许多接口，例如，8～16个，每个接口通过RJ－45插头用两对双绞线与一个工作站上的适配器相连。因此，一个集线器很像一个多接口的转发器。

(3)集线器工作在物理层，它的每个接口仅仅简单地转发比特信号，收到1就转发1，收到0就转发0，不进行碰撞检测。若两个接口同时有信号输入(即发生碰撞)，那么所有的接口都将收不到正确的帧。图4－16是具有3个接口的集线器的示意图。

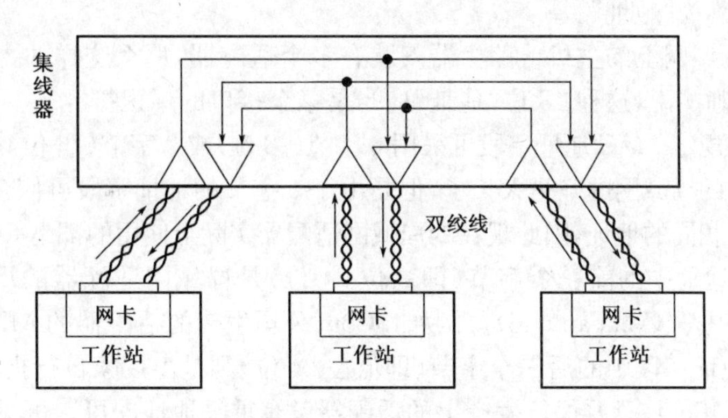

图4－16　具有3个接口的集线器示意图

(4)集线器采用了专门的芯片，进行自适应串音回波抵消。这样就可使接口转发出去的较强信号不致对该接口接收到的较弱信号产生干扰(这种干扰即近端串音)。每个比特在转发之前还要进行再生整形并重新定时。

集线器本身必须非常可靠。现在的堆叠式(Stackable)集线器由4～8个集线器堆叠起来使用。一般都有少量的容错能力和网络管理功能。例如，假定在以太网中有一个适配器出现故障，不停地发送以太网帧。这时，集线器可以检测到这个问题，在内部断开与出故障的适配器的连线，使整个以太网仍然能够正常工作。模块化的机箱式智能集线器有很高的可靠性。它全部的网络功能都以模块方式实现。各模块均可进行热插拔，故障时不断电即可更换或增加新模块。集线器上的指示灯还可显示网络上的故障情况，给网络的管理带来了很大的方便。

IEEE802.3标准还可使用光纤作为传输媒体，相应的标准是10BASE-F系列，F代表光纤。它主要用作集线器之间的远程连接。

二、以太网的MAC层

1. MAC层的硬件地址

在局域网中，硬件地址又称为物理地址或MAC地址(因为这种地址用在MAC帧中)。在所有计算机系统的设计中，标识系统(Identification System)都是一个核心问题，在标识系统中地址就是识别某个系统的一个非常重要的标识符。

IEEE802标准为局域网规定了一种48位的全球地址(一般简称为“地址”)，是指局域网上的每一台计算机中固化在适配器 ROM 中的地址。

(1)假定连接在局域网上的一台计算机的适配器坏了而我们更换了一个新的适配器,那么这台计算机的局域网的“地址”也就改变了,虽然这台计算机的地理位置一点也没有变化,所接入的局域网也没有任何改变。

(2)假定我们把位于南京的某局域网上的一台笔记本电脑携带到北京,并连接在北京的某局域网上。虽然这台电脑的地理位置改变了,但只要电脑中的适配器不变。那么该电脑在北京的局域网中的“地址”仍然和它在南京的局域网中的“地址”一样。

由此可见,局域网上的某个主机的“地址”根本不能告诉我们这台主机位于什么地方。因此,严格地讲,局域网的“地址”应当是每一个站的“名字”或标识符。现在人们还是习惯于把这种 48 位的“名字”称为“地址”。

如果连接在局域网上的主机或路由器安装有多个适配器,那么这样的主机或路由器就有多个“地址”,更准确些说,这种 48 位“地址”应当是某个接口的标识符。

IEEE802 标准规定 MAC 地址字段可采用 6 字节(48 位)或 2 字节(16 位)。6 字节地址字段对局部范围内使用的局域网的确是太长了,但是由于 6 字节的地址字段可使全世界所有的局域网适配器都具有不相同的地址,因此现在的局域网适配器实际上使用的都是 6 字节 MAC 地址。

6 字节 MAC 地址中的前三个字节(即高位 24 位)是局域网适配器的厂家向 IEEE 购买的,可作为公司标识符(Company_id)。例如,3Com 公司生产的适配器的 MAC 地址前 3 字节是 02-60-8c。地址字段中的后三个字节(即低位 24 位)则是由厂家自行指派,称为扩展标识符(Extended Identifier),只要保证生产出的适配器没有重复地址即可。可见用一个地址块可以生成 2^{24} 个不同的地址。用这种方式得到的 48 位地址称为 MAC-48,它的通用名称是 EUI-48。EUI-48 的使用范围并不局限于局域网的硬件地址,而是可以用于软件接口。

当路由器通过适配器连接到局域网时,适配器上的硬件地址就用来标志路由器的某个接口。路由器如果同时连接到两个网络上,那么它就需要两个适配器和两个硬件地址。

适配器有过滤功能,从网络上每收到一个 MAC 帧就先用硬件检查 MAC 帧中的目的地址。如果是发往本站的帧则收下,然后再进行其他的处理。否则就将此帧丢弃,不再进行其他的处理。这样做就不浪费主机的处理机和内存资源。

以太网适配器还可设置为一种特殊的工作方式,即混杂方式(Promiscuous mode),工作在混杂方式的适配器只要“听到”有帧在以太网上传输就都悄悄地接收下来,而不管这些帧是发往哪个站。请注意,这样做实际上是“窃听”其他站点的通信而并不中断其他站点的通信。网络上的黑客(hacker 或 cracker)常利用这种方法非法获取网上用户的口令。因此,以太网上的用户不愿意网络上有工作在混杂方式的适配器。

但混杂方式有时却非常有用。例如,网络维护和管理人员需要用这种方式来监视和分析以太网上的流量,以便找出提高网络性能的具体措施。有一种很有用的网络工具叫嗅探器(sniffer),就使用了设置为混杂方式的网络适配器。此外,这种嗅探器还可帮助学习网络的人员更好地理解各种网络协议的工作原理。因此,混杂方式就像一把双刃剑,是利是弊要看你怎样使用它。

2. MAC 帧的格式

常用的以太网 MAC 帧格式有两种标准,一种是 DIXEthernetV2 标准,另一种是

IEEE802.3标准。下面只介绍应用最广的以太网V2的MAC帧格式(图4-17)。图中假定网络层使用是IP协议,使用其他的协议也可以。

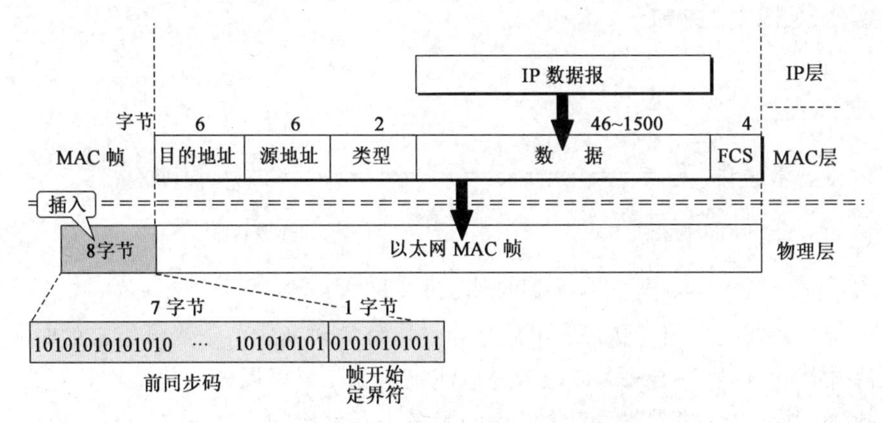

图4-17　以太网V2的MAC帧格式

以太网V2的MAC帧比较为简单,由五个字段组成。前两个字段分别为6字节长的目的地址和源地址字段。第三个字段是2字节的类型字段,用来标志上一层使用的是什么协议,以便把收到的MAC帧的数据上交给上一层的这个协议。第四个字段是数据字段,其长度在46～1500字节之间。最后一个字段是4字节的帧检验序列FCS(使用CRC检验)。

从图4-17可看出,在传输媒体上实际传送的要比MAC帧还多8个字节。这是因为当一个站在刚开始接收MAC帧时,由于适配器的时钟尚未与到达的比特流达成同步,因此MAC帧的最前面的若干位就无法接收,结果使整个的MAC成为无用的帧。为了接收端迅速实现位同步,从MAC子层向下传到物理层时还要在帧的前面插入8字节(由硬件生成),它由两个字段构成。第一个字段是7个字节的前同步码(1和0交替码),它的作用是使接收端的适配器在接收MAC帧时能够迅速调整其时钟频率,使它和发送端的时钟同步,也就是“实现位同步”。第二个字段是帧开始定界符,定义为10101011。它的前六位的作用和前同步码一样,最后的两个连续的1就是告诉接收端适配器“MAC帧的信息马上就要来了,请适配器注意接收”。MAC帧的FCS字段的检验范围不包括前同步码和帧开始定界符。顺便指出,在使用SONET/SDH进行同步传输时则不需要用前同步码,因为在同步传输时收发双方的位同步总是一直保持着的。

顺便指出,在以太网上传送数据时是以帧为单位传送。以太网在传送帧时,各帧之间还必须有一定的间隙。因此,接收端只要找到帧开始定界符,其后面的连续到达的比特流就都属于同一个MAC帧。可见以太网不需要使用帧结束定界符,也不需要使用字节插入来保证透明传输。

第六节　扩展的以太网

扩展的以太网在网络层看来仍然是一个网络。

一、在物理层扩展以太网

以太网上的主机之间的距离不能太远(例如,10BASE-T以太网的两个主机之间的距离不超过 200m)，否则主机发送的信号经过铜线的传输会衰减到使 CSMA/CD 协议无法正常工作。现在，扩展主机和集线器距离的一种简单方法就是使用光纤(通常是一对光纤)和一对光纤调制解调器，如图 4-18 所示。

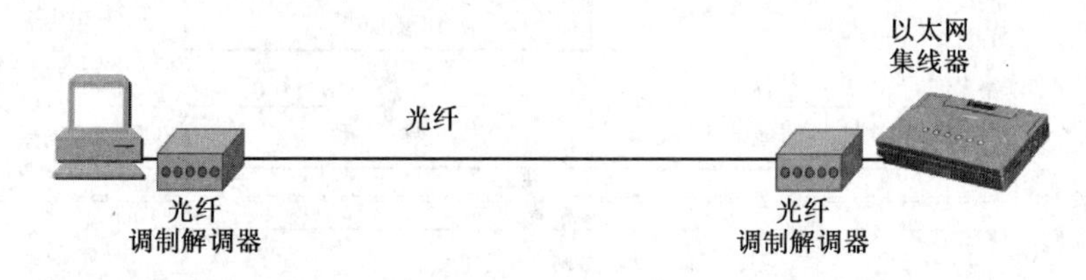

图 4-18　使用光纤扩展主机和集线器距离

光纤调制解调器的作用就是进行电信号和光信号的转换。由于光纤带来的时延很小，并且带宽很高，因此使用这种方法可以很容易地使主机和几公里以外的集线器相连接。如果使用多个集线器，就可以连接成覆盖更大范围的多级星形结构的以太网，例如，一个学院的三个系各有一个 10BASE-T 以太网[图 4-19(a)]，可通过一个主干集线器把各系的以太网连接起来，成为一个更大的以太网[图 4-19(b)]。

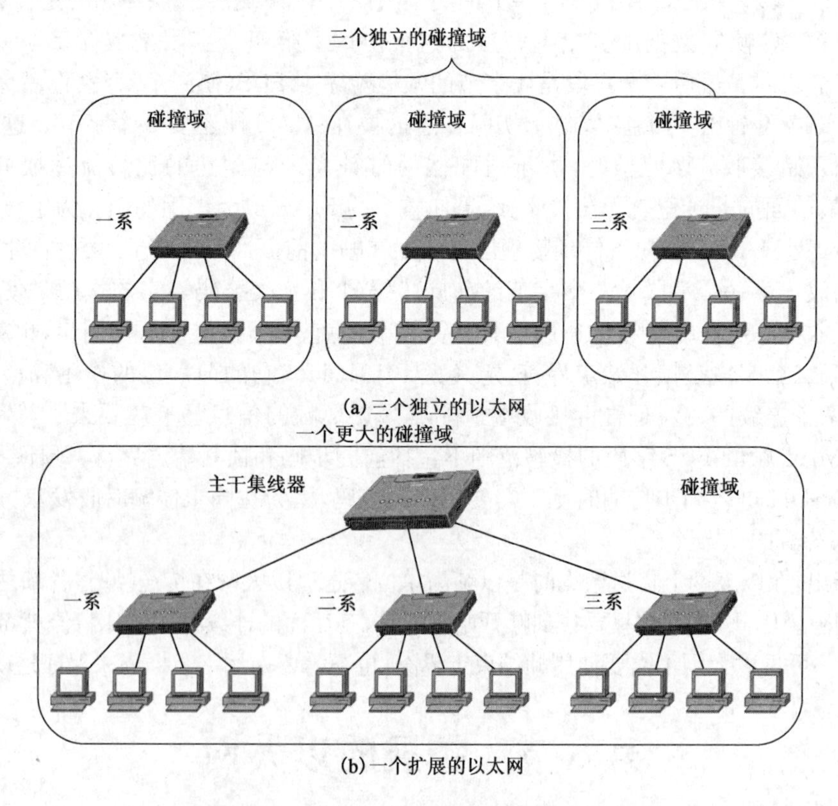

图 4-19　用多个集线器连接成更大的以太网

这种多级结构的集线器以太网也带来了一些缺点。

(1)如图 4-19(a)所示的例子，在三个系的以太网互联之前，每一个系的 10BASE-T 以太网是一个独立的碰撞域，即在任一时刻，在每一个碰撞域中只能有一个站在发送数据。每一个系的以太网的最大吞吐量是 10Mb/s,因此三个系总的最大吞吐量共有 30Mb/s。在三个系的以太网通过集线器互联后,就把三个碰撞域变成一个碰撞域(范围扩大到三个系),如图4-19(b)所示,而这时的最大吞吐量仍然是一个系的吞吐量 10Mb/s。这就是说,当某个系的两个站在通信时,所传送的数据会通过所有的集线器进行转发,使得其他系的内部在这时都不能通信(一发送数据就会碰撞)。

(2)如果不同的系使用不同的以太网技术(如数据率不同)。那么就不可能用集线器将它们互联。如果在图 4-19 中,一个系使用 10Mb/s 的适配器,而另外两个系使用 10/100Mb/s 的适配器,那么用集线器连接起来后,大家都只能工作在 10Mb/s 的速率。集线器基本上是个多接口(即多端口)的转发器,它并不能把帧进行缓存。

二、在数据链路层扩展以太网

在数据链路层扩展以太网要使用网桥。网桥工作在数据链路层,它根据 MAC 帧的目的地址对收到的帧进行转发和过滤。当网桥收到一个帧时,并不是向所有的接口转发此帧,而是先检查此帧的目的 MAC 地址,然后再确定将该帧转发到哪一个接口,或者是把它丢弃(即过滤)。

1. 网桥的内部结构

图 4-20 给出了一个网桥的内部结构要点。网桥至少有两个接口(复杂些的网桥可以有更多接口)。两个以太网通过网桥连接起来后,就成为一个覆盖范围更大的以太网,而原来的每个以太网就可以称为一个网段(segment)。在图中所示的网桥,其接口 1 和接口 2 各连接到一个网段。

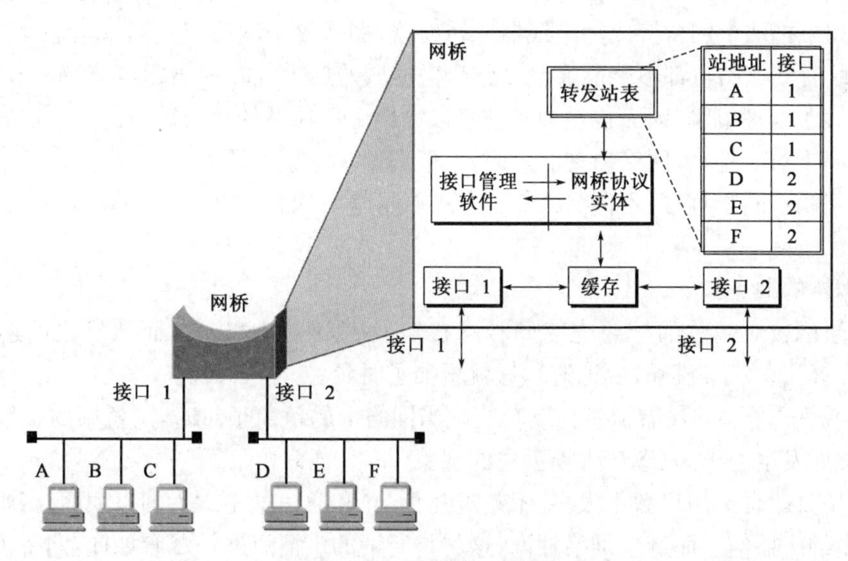

图 4-20　网桥的工作原理

网桥依靠转发表来转发帧。转发表也叫转发数据库或路由目录。网桥如何得到转发表参见“透明网桥”部分。

数据转发过程:若 A 发送数据给 E,网桥从接口 1 收到 A 发送的帧,通过查找转发表后,把这个帧送到接口 2 转发到另一个网段,使 E 能够收到这个帧。若 A 发送数据给 B,网桥从接口 1 收到 A 发送的帧，通过查找转发表得知转发给 B 的帧应当从接口 1 转发出去，也就是 B 和 A 在同一个网段上，B 能够直接收到这个帧而不需要借助于网桥的转发，于是就丢弃这个帧。网桥是通过内部的接口管理软件和网桥协议实体来完成上述操作的。

使用网桥的优点：

(1)过滤通信量，增大吞吐量，网桥工作在链路层的 MAC 子层，可以使以太网各网段成为隔离开的碰撞域。如果把网桥换成工作在物理层的转发器，那就没有这种过滤通信量的功能。图 4－21 说明了这一概念。网桥 B1 和 B2 把三个网段连接成一个以太网，但它具有三个隔离开的碰撞域。

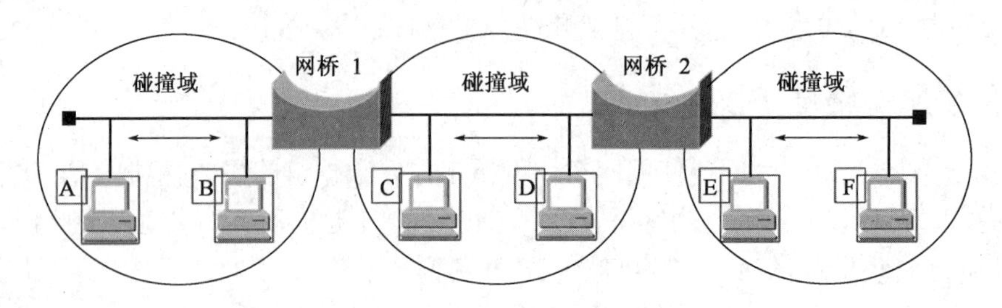

图 4－21　网桥使各网段成为隔离开的碰撞域

可以看到，不同网段上的通信不会相互干扰。例如，A 和 B 正在通信，但其他网段上的 C 和 D 以及 E 和 F 也都可以同时通信。但如果 A 要和另一个网段上的 C 通信，就必须经过网桥 B1 的转发，那么这两个网段上就不能再有其他的站点进行通信(但这时 E 和 F 仍然可以通信)。因此，若每一个网段的数据率都是 10Mb/s，那么三个网段合起来的最大吞吐量就变成 30Mb/s。如果把两个网桥换成为集线器或转发器，那么整个网络仍然是一个碰撞域，当 A 和 B 通信时，所有其他站点都不能够通信。整个碰撞域的最大吞吐量仍然是 10Mb/s。

(2)扩大了物理范围，因而也增加了整个以太网上工作站的最大数口。

(3)提高了可靠性，当网络出现故障时，一般只影响个别网段。

(4)可互联不同物理层、不同 MAC 子层和不同速率(如 10Mb/s 和 100Mb/s 以太网)的以太网。

使用网桥的缺点：

(1)由于网桥对接收的帧要先存储和查找转发表，然后才转发，而转发之前还必须执行 CSMA/DD 算法(发生碰撞时要退避)，这就增加了时延。

(2)在 MAC 子层并没有流量控制功能。当网络上的负荷很重时，网桥中的缓存的存储空间可能不够而发生溢出，以致产生帧丢失的现象。

(3)网桥只适合于用户数不太多(不超过几百个)和通信量不太大的以太网，否则有时还会因传播过多的广播信息而产生网络拥塞，这就是所谓的广播风暴。尽管如此，网桥仍获得了很广泛的应用，因为它的优点还是主要的。有时在两个网桥之间还可使用一段点到点链路。如图 4－22 所示。

图中的以太网 LAN_1 和 LAN_2 通过网桥 B1 和 B2 以及一段点到点链路相连。为简单起见，把 IP 层以上看成是用户层，图中灰色粗线表示数据在各协议栈移动的情况。图 4－22 的下面部分，表示用户数据从站点 A 传到 B 经过各层次时，相应的数据单元首部的变化。

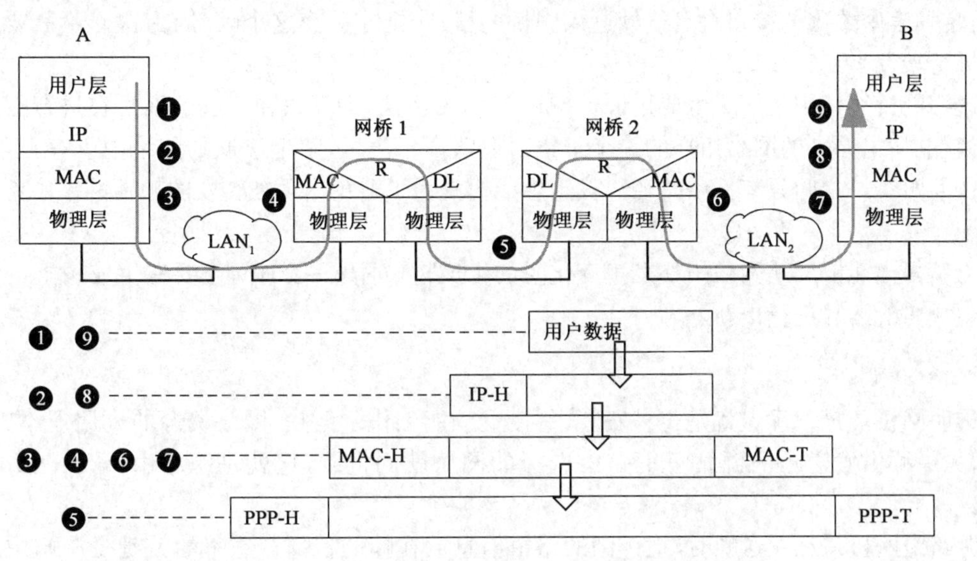

图 4－22　两个网桥之间有点到点的链路

PPP—PPP 协议；R—中继机制；H—首部；T—尾部

几点说明：当 A 向 B 发送数据帧时，其 MAC 帧首部中的源地址和目的地址分别是 A 和 B 的硬件地址，相当于图中的③和④所对应的图。当网桥 B1 通过点对点链路转发数据帧时，若链路采用 PPP 协议，则要在数据帧的头尾分别加上首部 PPP-H 和尾部 PPP-T(对应于图中的⑤)。在数据帧离开 B2 时，还要剥去这个首部 PPP-H 和尾部 PPP-T(对应于图中的⑥)，然后经过以太网 LAN_2 到达 B。

注意：网桥在转发帧时，不改变帧的源地址。

2. 透明网桥

目前使用得最多的网桥是透明网桥(Transparent Bridge)，其标准是 IEEE802. 1D。“透明”是指以太网上的站点并不知道所发送的帧将经过哪几个网桥，以太网上的站点都看不见以太网上的网桥。透明网桥还是一种即插即用设备(Plug-and-Play Device)，意思是只要把网桥接入局域网，不用人工配置转发表网桥就能工作。这点很重要，因为虽然从理论上讲，网桥中的转发表可以用手工配置，但若以太网上的站点数很多，并且站点位置或网络拓扑也经常变化，那么人工配置转发表既耗时又很容易出错。

转发表的获取：当网桥刚刚连接到以太网时，其转发表是空的。这时若网桥收到一个帧，它将怎样处理呢？网桥就按照自学习(Self-Learning)算法处理收到的帧并逐步建立起转发表，并且按照转发表把帧转发出去。

网桥自学习和转发帧的一般步骤如下：

(1)网桥收到一帧后先进行自学习。查找转发表中与收到帧的源地址有无相匹配的项目。如没有，就在转发表中增加一个项目(源地址、进入的接口和时间)。如有，则把原有的项目进行更新。

(2)转发帧。查找转发表中与收到帧的目的地址有无相匹配的项目。如没有，则通过所有其他接口(但进入网桥的接口除外)进行转发。如有，则按转发表中给出的接口进行转发。注意，若转发表中给出的接口就是该帧进入网桥的接口，则应丢弃这个帧（因为这时不需要经过网桥进行转发）。

透明网桥还使用了一个生成树（Spanning Tree）算法，即互联在一起的网桥在进行彼此通信后，就能找出原来的网络拓扑的一个子集。在这个子集里，整个连通的网络中不存在回路，即在任何两个站之间只有一条路径。找出生成树是为了避免出现被转发的帧在网络中不断地兜圈子。

为了得出能够反映网络拓扑发生变化时的生成树，每隔一段时间还要在生成树上的根网桥对生成树的拓扑进行更新。

3. 源路由网桥

透明网桥的最大优点就是容易安装，一接上就能工作。但是，网络资源的利用还不充分。因此，另一种由发送帧的源站负责路由选择的网桥就问世了，这就是源路由（Source route）网桥。

源路由网桥是在发送帧时，把详细的路由信息放在帧的首部。这里的关键是源站用什么方法才能知道应当选择什么样的路由。

为了发现合适的路由，源站以广播方式向欲通信的目的站发送一个发现帧（Discovery frame）作为探测之用。发现帧将在整个扩展的以太网中沿着所有可能的路由传送。在传送过程中，每个发现帧都记录所经过的路由。当这些发现帧到达目的站时，就沿着各自的路由返回源站。源站在得知这些路由后，从所有可能的路由中选择出一个最佳路由。以后，凡从这个源站向该目的站发送的帧的首部，都必须携带源站所确定的这一路由信息。

发现帧还有另一个作用，就是帮助源站确定整个网络可以通过的帧的最大长度。源路由网桥对主机不是透明的，主机必须知道网桥的标识以及连接到哪一个网段上。使用源路由网桥可以利用最佳路由。

若在两个以太网之间使用并联的源路由网桥，则可使通信量较平均地分配给每一个网桥。用透明网桥则只能使用生成树，而使用生成树一般并不能保证所使用的路由是最佳的，也不能在不同的链路中进行负载均衡。

4. 多接口网桥——以太网交换机

交换式集线器常称为以太网交换机（switch）或第二层交换机，这种交换机工作在数据链路层。“交换机”并无准确的定义和明确的概念，现在很多交换机已混杂了网桥和路由器的功能，使数据的转发更加快速了。

以太网交换机的特点：

(1)以太网交换机实质上是一个多接口的网桥，以太网交换机的每个接口都直接与一个单个主机或另一个集线器相连，并且一般都工作在全双工方式。

(2)当主机需要通信时，交换机能同时连通许多对接口，使每一对相互通信的主机都能像独占通信媒体那样，无碰撞地传输数据。以太网交换机和透明网桥一样，也是一种即插即用设备，其内部的帧转发表也是通过自学习算法自动地逐渐建立起来的。当两个站通信完成后就断开连接。

(3)以太网交换机使用了专用的交换结构芯片，其交换速率较高。例如：对于普通 10Mb/s

的共享式以太网，若共有 N 个用户，则每个用户占有的平均带宽只有总带宽(10Mb/s)的 N 分之一。在使用以太网交换机时，每个接口到主机的带宽还是 10Mb/s，因此对于拥有 N 对接口的交换机的总容量为 $N\times10$Mb/s。这正是交换机的最大优点。

(4)以太网交换机一般都具有多种速率的接口，例如可以具有 10Mb/s、100Mb/s 和 1Gb/s 用于扩展局域网。图 4－23 举出了一个简单的例子。图中的以太网交换机有三个 10Mb/s 接口分别和学院三个系的 10BASE-T 以太网相连，还有三个 100Mb/s 的接口分别和电子邮件服务器、万维网服务器以及一个连接因特网的路由器相连。

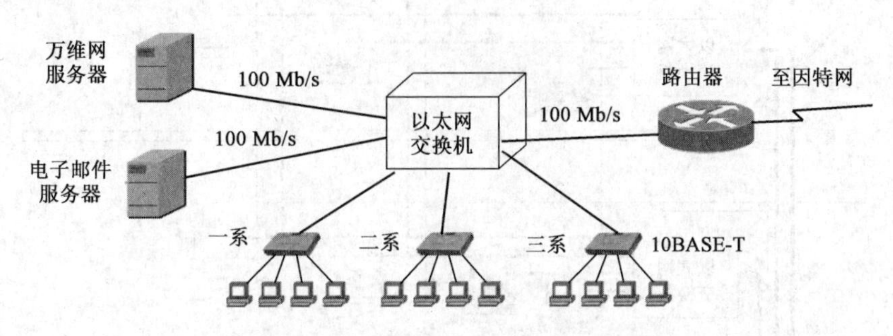

图 4－23　用以太网交换机扩展以太网

虽然许多以太网交换机对收到的帧采用存储转发方式进行转发，但也有一些交换机采用直通(cut-through)的交换方式。直通交换不必把整个数据帧先缓存后再进行处理，而是在接收数据帧的同时就立即通过数据帧的目的 MAC 地址决定该帧的转发接口，因而提高了帧的转发速度。现在有的厂商已生产出能够支持两种交换方式的以太网交换机。

顺便指出，利用以太网交换机可以很方便地实现虚拟局域网(Virtual LAN，VLAN)。在 IEEE802.IQ 标准中，对虚拟局域网 VLAN 是这样定义的：虚拟局域网 VLAN 是由一些局域网网段构成的与物理位置无关的逻辑组，而这些网段具有某些共同的需求。每一个 VLAN 的帧都有一个明确的标识符，指明发送这个帧的工作站是属于哪一个 VLAN。

虚拟局域网其实只是局域网给用户提供的一种服务，而并不是一种新型局域网。图 3－29 展示了使用四个交换机的网络拓扑，设有 10 个工作站分配在三个楼层中，构成了三个局域网，即：

LAN_1：(A_1，A_2，B_1，C_1)，LAN_2：(A_3，B_2，C_2)，LAN_3：(A_4，B_3，C_3)但这 10 个用户划分为三个工作组，也就是说划分为三个虚拟局域网 VLAN 即：

$VLAN_1$：(A_1，A_2，A_3，A_4)，$VLAN_2$：(B_1，B_2，B_3)；$VLAN_3$：(C_1，C_2，C_3)。从图 4－24 可看出，每一个 VLAN 的工作站可处在不同的局域网中，也可以不在同一层楼中。

利用以太网交换机可以很方便地将这 10 个工作站划分为 3 个虚拟局域网：$VLAN_1$、$VLAN_2$ 和 $VLAN_3$。在虚拟局域网上的每一个站都可以听到同一个虚拟局域网上的其他成员所发出的广播：例如，工作站 B_1～B_3 同属于虚拟局域网 $VLAN_2$。当 B_1 向工作组内成员发送数据时，工作站 B_2 和 B_3 将会收到广播的信息，虽然它们没有和 B_1 连在同一个以太网交换机上。相反，B_1 向工作组内成员发送数据时，工作站 A_1，A_2 和 C_1 都不会收到 B_1 发出的广播信息，虽然它们都与 B_1 连接在同一个以太网交换机上。以太网交换机不向虚拟局域网以外的工作站传送 B_1 的广播信息。这样，虚拟局域网限制了接收广播信息的工作站数，使得网络不会因传播过多的广播信息(即所谓的"广播风暴")而引起性能恶化。

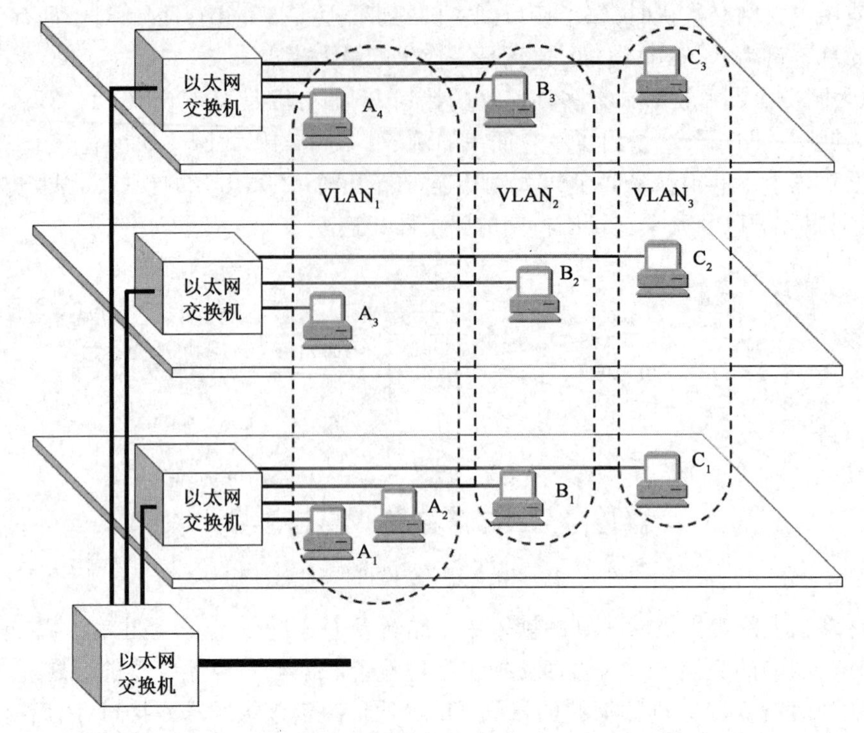

图 4－24　三个虚拟局域网 $VLAN_1$、$VLAN_2$、$VLAN_3$ 的构成

由于虚拟局域网是用户和网络资源的逻辑组合,因此可按照需要将有关设备和资源非常方便地重新组合,使用户从不同的服务器或数据库中存取所需的资源。

以太网交换机的种类很多。例如,"具有第三层特性的第二层交换机"和"多层交换机"。前者具有某些第三层的功能,如数据报的分片和对多播通信量的管理,而后者可根据第三层的IP 地址对分组进行过滤。

虚拟局域网使用的以太网帧格式,1988 年 IEEE 批准了 802.3ac 标准,这个标准定义了以太网的帧格式的扩展,以便支持虚拟局域网。虚拟局域网协议允许在以太网的帧格式中插入一个 4 字节的标识符(图 4－25),称为 VLAN 标记(tag),用来指明发送该帧的工作站属于哪一个虚拟局域网。如果还使用原来的以太网帧格式,那么就无法划分虚拟局域网。

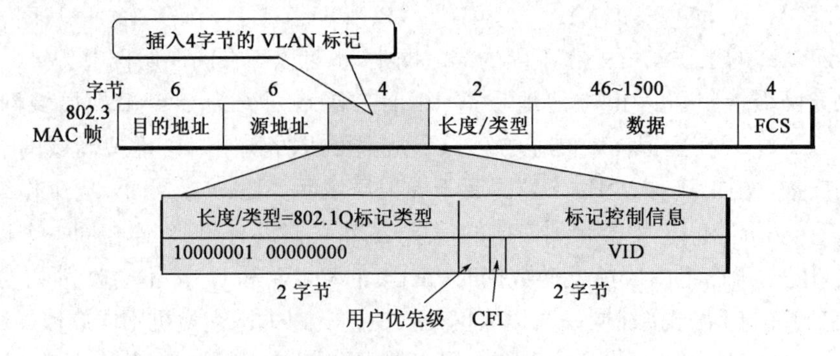

图 4－25　在以太网的帧格式中插入 VLAN 标记

VLAN标记字段的长度是4字节，插入在以太网MAC帧的源地址字段和类型字段之间。VLAN标记的前两个字节总是设置为0x8100（即二进制的10000001 00000000），称为IEEE802.1Q标记类型。当数据链路层检测到MAC帧的源地址字段后面的两个字节为0x8100时，就知道现在插入了4字节的VLAN标记。于是就接着检查后面两个字节的内容。在后面的两个字节中，前3位是用户优先级字段，接着的一位是规范格式指示符（Canonical Format Indicator，CFI），最后的12位是该虚拟局域网VLAN标识符VID（VLAN ID），它唯一地标志了这个以太网帧是属于哪一个VLAN。

由于用于VLAN的以太网帧的首部增加了4个字节，因此以太网的最大长度从原来的1518字节（1500字节的数据加上18字节的首部）变为1522字节。

第七节　高速以太网

速率达到或超过100Mb/s的以太网称为高速以太网，下面简单介绍几种高速以太网技术。

一、100BASE-T以太网

1. 100BASE-T以太网的起源

在1992年9月100Mb/s以太网的设想提出后仅过了13个月，100Mb/s以太网的产品就问世了。100BASE-T是在双绞线上传送100Mb/s基带信号的星形拓扑以太网，仍使用IEEE802.3的CSMA/CD协议，它又称为快速以太网（Fast Ethernet）。用户只要更换一张适配器，再配上一个100Mb/s的集线器，就可很方便地由10BASE-T以太网直接升级到100Mb/s，而不必改变网络的拓扑结构。所有在10BASE-T上的应用软件和网络软件都可保持不变。100BASE-T的适配器有很强的自适应性，能够自动识别10Mb/s和100Mb/s。

1995年IEEE把100BASE-T的快速以太网定为正式标准，其代号为IEEE802.3u，是对现行的IEEE802.3标准的补充。100BASE-T可使用交换式集线器提供很好的服务质量，可在全双工方式下工作而无冲突发生。

然而IEEE802.3u的标准未包括对同轴电缆的支持。这意味着想从细缆以太网升级到快速以太网的用户必须重新布线。因此，现在10/100Mb/s以太网都是使用无屏蔽双绞线布线。

2. 100Mb/s以太网的3种物理层标准

（1）100BASE-TX使用两对UTP 5类线或屏蔽双绞线STP，其中一对用于发送，另一对用于接收。

（2）100BASE-FX使用两根光纤，其中一根用于发送，另一根用于接收。在标准中把上述的100BASE-TX和100BASE-Fx合在一起称为100BASE-X。

（3）100BASE-T4使用4对UTP3类线或5类线，这是为已使用UTP3类线的大量用户而设计的。它使用3对线同时传送数据，用1对线作为碰撞检测的接收信道。

二、吉比特以太网

1. 吉比特以太网的特点

吉比特以太网(又称为千兆以太网)于1996年面向市场。IEEE在1998年通过了吉比特以太网的标准802.3z。该标准具有以下特点:

(1)允许在1Gb/s下全双工和半双工两种方式工作。

(2)使用IEEE802.3协议规定的帧格式。

(3)在半双工方式下使用CSMA/CD协议(全双工方式不需要使用CSMA/CD协议)。

(4)与10BASE-T和100BASE-T技术向后兼容。

吉比特以太网可用作现有网络的主干网,也可在高带宽(高速率)的应用场合中(如医疗图像或CAD的图形等)用来连接工作站和服务器。

吉比特以太网的物理层使用两种成熟的技术:一种来自现有的以太网,另一种则是ANSI制定的光纤通道(Fibre Channel,FC)。

2. 吉比特以太网两种物理层标准

1)1000BASE-X(IEEE802.3z标准)

1000BASE-X标准是基于光纤通道的物理层,即FC0和FC-1。使用的媒体有三种:

(1)1000BASE-SXSX表示短波长(使用850nm激光器)。使用纤芯直径为62.5μm和50μm的多模光纤时,传输距离分别为275m和550m。

(2)1000BASE-LXLX表示长波长(使用1300nm激光器)。使用纤芯直径为62.5μm和50μm的多模光纤时,传输距离为550m。使用纤芯直径为10μm的单模光纤时,传输距离为5km。

(3)1000BASE-CXCX表示铜线。使用两对短距离的屏蔽双绞线电缆,传输距离为25m。

2)1000BASE-T(802.3ab标准)

1000BASE-T是使用4对UTP 5类线,传送距离为100m。吉比特以太网工作在半双工方式时,就必须进行碰撞检测,同时采用“载波延伸”和分组突发技术。当吉比特以太网工作在全双工方式时则不使用载波延伸和分组突发。

吉比特以太网交换机可以直接与多个图形工作站相连,也可用作百兆以太网的主干网与百兆比特或吉比特集线器相连,然后再和大型服务器连接在一起。图4-26是吉比特以太网的一种配置举例。

三、10吉比特以太网

1. 10吉比特以太网的特点

10GE也就是万兆以太网,其标准IEEE802.3ae在2002年6月完成。10GE并非将吉比特以太网的速率简单地提高到10倍。10GE的主要技术特点。

(1)10GE的帧格式与10Mb/s,100Mb/s和1Gb/s以太网的帧格式完全相同。

(2)10GE还保留了802.3标准规定的以太网最小和最大帧长。这就使用户在将其已有的以太网进行升级时,仍能和较低速率的以太网很方便地通信。

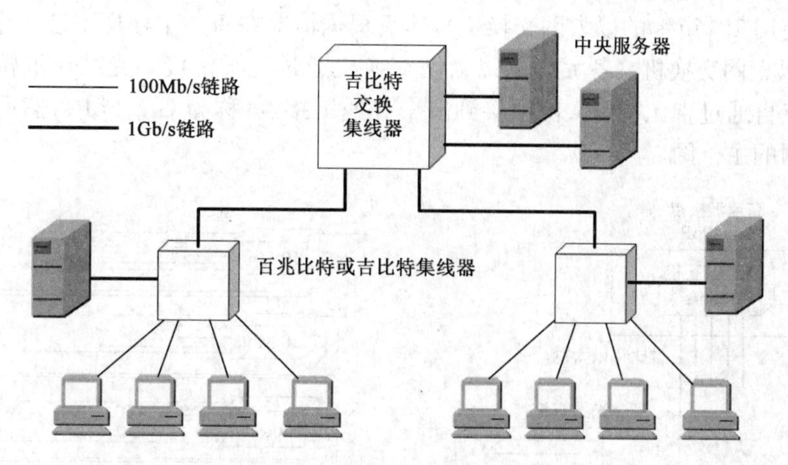

图 4－26 吉比特以太网的配置举例

(3)由于数据率很高,10GE 不再使用铜线而只使用光纤作为传输媒体。它使用长距离(超过 40km)的光收发器与单模光纤接口,以便能够工作在广域网和城域网的范围。10GE 也可使用较便宜的多模光纤,但传输距离为 65～300m。

(4)10GE 只工作在全双工方式,因此不存在争用问题,也不使用 CSMA/CD 协议。这就使得 10GE 的传输距离不再受进行碰撞检测的限制而大大提高了。

2.10 吉比特以太网两种物理层标准

吉比特以太网的物理层可以使用已有的光纤通道技术,而 10GE 的物理层则是新开发的。10GE 有两种不同的物理层:

(1)局域网物理层 LAN PHY。局域网物理层的数据率是 10Gb/s,因此一个 10GE 交换机可以支持正好 10 个吉比特以太网接口。

(2)可选的广域网物理层 WAN PHY。广域网物理层具有另一种数据率,这是为了和所谓的"10Gb/s"的 SONET/SDH 相连接。

由于 10GE 的出现,以太网的工作范围已经从局域网(校园网、企业网)扩大到城域网和广域网,从而实现了端到端的以太网传输。

四、使用高速以太网进行宽带接入

由于以太网已经成功地从 10Mb/s 的速率提高到 100Mb/s、1Gb/s 和 10Gb/s,并且所覆盖的地理范围也从局域网扩展到了城域网和广域网。为此,IEEE 在 2001 年初成立了802.3 EFM 工作组,专门研究高速以太网的宽带接入技术问题。

高速以太网接入的一个重要特点是它可以提供双向的宽带通信,并且可以根据用户对带宽的需求灵活地进行带宽升级。当城域网和广域网都采用吉比特以太网或 10GE 时,采用高速以太网接入可以实现端到端的以太网传输,中间不需要再进行帧格式的转换。这就提高了数据的传输效率,降低了传输的成本。

高速以太网接入可以采用多种方案。图 4－27 给出的是一个例子——光纤到大楼(Fiber to The Building,FTTB),每个大楼的楼口都安装一个 100Mb/s 的以太网交换机(对于通信量不大的楼房也可使用 10Mb/s 的以太网交换机)，然后根据情况在每一个楼层安装一个 10Mb/s 或 100Mb/s 的以太网交换机。各大楼的以太网交换机通过光纤汇接到光结点汇接点。若干个光结点汇接点再通过吉比特以太网汇接到一个高速汇接点(称为 GigaPoP)，然后通过城域网连接到因特网的主干网。

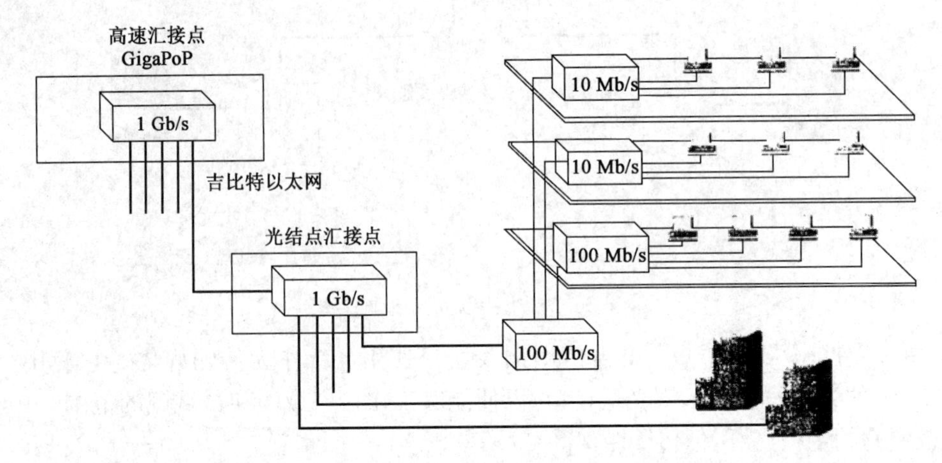

图 4-27　以太网接入举例——光纤到大楼(FTTB)

第五章　网　络　层

本章讲述的主要内容有虚拟互联网络的概念；IP 地址与物理地址的关系；传统分类的 IP 地址（包括子网掩码）和无分类域间路由选择 CIDR；路由选择协议的工作原理。

第一节　网络层提供的两种服务

在计算机网络通信中，网络层向运输层提供虚电路服务和数据报服务。

一、有连接的虚电路服务

计算机网络模仿电话通信所使用的面向连接的通信方式，即：当两个计算机进行通信时，先建立连接以保证双方通信所需的一切网络资源，然后双方沿着已建立的虚电路发送分组。分组的首部不需要填写完整的目的主机地址，而只需要填写这条虚电路的编号，因而减少了分组的开销。若再使用可靠传输的网络协议，就可使所发送的分组无差错按序到达终点，不丢失、不重复，在通信结束后释放建立的虚电路。图 5－1 是网络提供虚电路服务的示意图。主机 H_1 和 H_2 之间交换的分组都必须在事先建立的虚电路上传送。

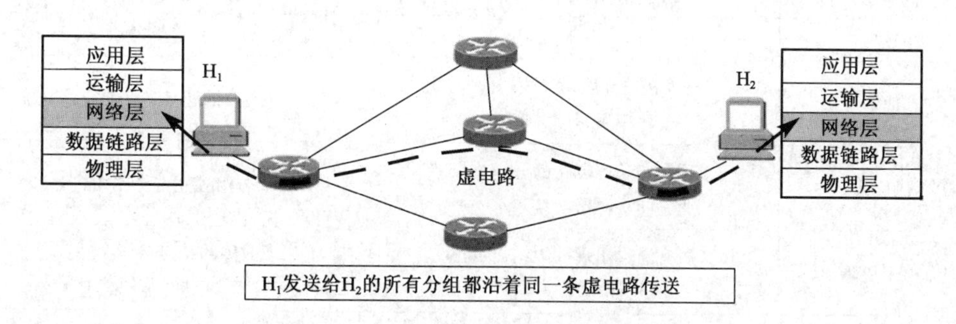

图 5－1　网络层提供的虚电路服务

虚电路是一条逻辑上的连接，分组都沿着这条逻辑连接按照存储转发方式传送，而并不是真正建立了一条物理连接。

二、无连接的数据报服务

由于计算机网络的端系统是有智能的计算机。计算机有很强的差错处理能力。因此，因特网在设计上采用了以下思路：网络层向上只提供简单灵活的、无连接的、尽最大努力交付的数据报服务。网络在发送分组时不需要先建立连接。每一个分组（也就是 IP 数据报）独立发送，与其前后的分组无关(不进行编号)。网络层不提供服务质量的承诺。也就是说，所传送的分组可能出错、丢失、重复和失序，当然也不保证分组交付的时限。由于传输网络不提供端到端的可靠传输服务，这就使网络中的路由器可以做得比较简单，而且价格低廉(与电信网的交换机相比较)。如果主机(端系统)中的进程之间的通信需要是可靠的，那么就由网络的主机中的运输层负责(包括差错处理、流量控制等)。采用这种设计思路的好处是：网络的造价大大降低，运行方式灵活，能够适应多种应用。

因特网能够发展到今日的规模，充分证明了当初采用这种设计思路的正确性。图 5-2 给出了网络提供数据报服务的示意图。主机 H_1 向 H_2 发送的分组各自独立地选择路由，并且在传送的过程中还可能丢失。

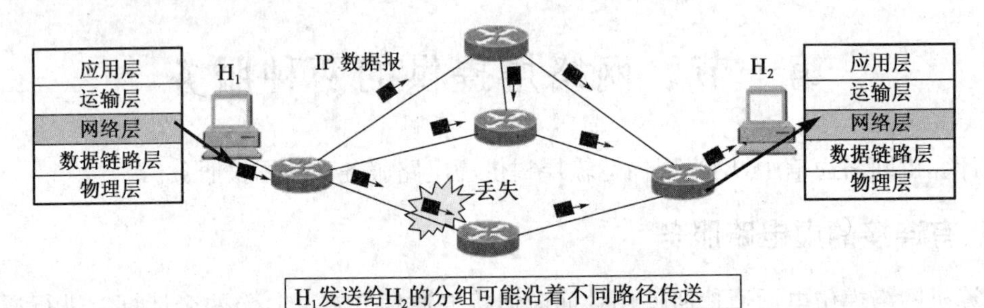

图 5-2　网络层提供的数据报服务

表 5-1 归纳了虚电路服务与数据报服务的主要区别。

表 5-1　虚电路服务与数据报服务的对比

对比内容	虚电路服务	数据报服务
思路	可靠通信应当由网络来保证	可靠通信应当由用户主机来保证
连接的建立	必须有	不需要
终点地址	仅在连接建立阶段使用，每个分组使用短的虚电路号	每个分组都有终点的完整地址
分组的转发	属于同一条虚电路的分组均按照同一路由进行转发	每个分组独立选择路由进行转发
结点出现故障	所有通过出现故障结点的虚电路均不能工作	出现故障的结点可能会丢失分组，一些路由可能会发生变化
分组的顺序	总是按发送顺序到达终点	不一定按发送顺序到达终点
端到端的差错处理和流量控制	可以由网络负责，也可以由用户主机负责	由用户主机负责

第二节　网际协议 IP

网际协议 IP 是 TCP/IP 体系中两个最主要的协议之一，也是最重要的因特网标准协议之一。与 IP 协议配套使用的还有三个协议：

(1)地址解析协议(Address Resolution Protocol,ARP)

(2)网际控制报文协议(Internet Control Message Protocol,ICMP)

(3)网际组管理协议(Internet Group Management Protocol,IGMP)

图5-3给出了这三个协议和网际协议IP的关系。在这一层中,ARP在最下面,因为IP经常要使用这个协议。ICMP和IGMP在网络层的上部,因为它们要使用IP协议。由于网际协议IP是用来使互联起来的许多计算机网络能够进行通信,因此TCP/IP体系中的网络层常常称为网际层(Internet Layer),或IP层。

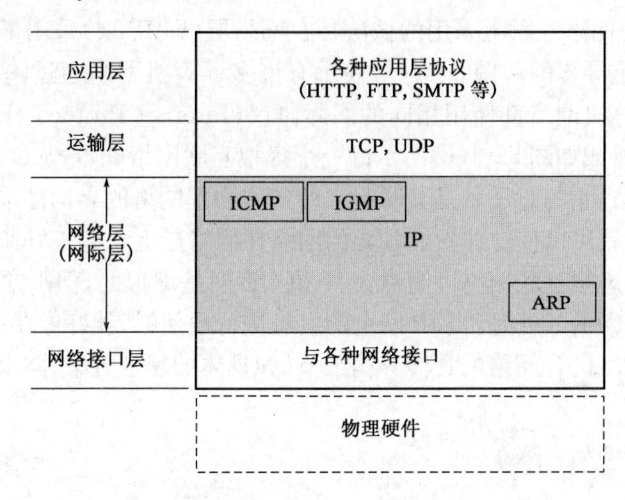

图5-3　网际协议IP及其配套协议

一、虚拟互联网络

我们知道,如果要在全世界范围内把数以百万计的网络都互联起来,并且能够互相通信,那么这样的任务一定非常复杂,其中会遇到许多问题需要解决,如:

(1)不同的寻址方案;

(2)不同的最大分组长度;

(3)不同的网络接入机制;

(4)不同的超时控制;

(5)不同的差错恢复方法;

(6)不同的状态报告方法;

(7)不同的路由选择技术;

(8)不同的用户接入控制;

(9)不同的服务(面向连接服务和无连接服务);

(10)不同的管理与控制方式。

因此,需要使用若干中间设备(又称中间系统或中继系统)将多种不同性能、不同网络协议的网络互相连接起来。根据中间设备所在的层次,可以有以下四种不同的中间设备:

(1)物理层使用的中间设备叫转发器(Repeater)。

(2)数据链路层使用的中间设备叫网桥或桥接器(Bridge)。

(3)网络层使用的中间设备叫路由器(Router)。

(4)在网络层以上使用的中间设备叫网关(Gateway)。

用网关连接两个不兼容的系统时需要在高层进行协议的转换。当中间设备是转发器或网桥时,这仅仅是把一个网络扩大了,而从网络层的角度看,这仍然是一个网络,一般并不称之为网络互联。网关由于比较复杂,目前使用得较少。因此现在我们讨论网络互联时都是指用路由器进行网络互联和路由选择。路由器其实就是一台专用计算机,用来在互联网中进行路由选择。

TCP/IP 体系在网络互联上采用的做法是在网络层(即 IP 层)采用了标准化协议,但相互连接的网络则可以是异构的。图 5-4(a)表示有许多计算机网络通过一些路由器进行互联。由于参加互联的计算机网络都使用相同的网际协议(Internet Protocol,IP),因此可以把互联以后的计算机网络看成如图 5-4(b)所示的一个虚拟互联网络(internet)。所谓虚拟互联网络也就是逻辑互联网络,它的意思就是互联起来的各种物理网络的异构性本来是客观存在的,但是我们利用 IP 协议就可以使这些性能各异的网络在网络层上看起来好像是一个统一的网络。这种使用 IP 协议的虚拟互联网络可简称为 IP 网(IP 网是虚拟的,但平常不必每次都强调“虚拟”二字)。使用 IP 网的好处是:当 IP 网上的主机进行通信时,就好像在一个单个网络上通信一样,它们看不见互联的各网络的具体异构细节(如具体的编址方案、路由选择协议,等等)。

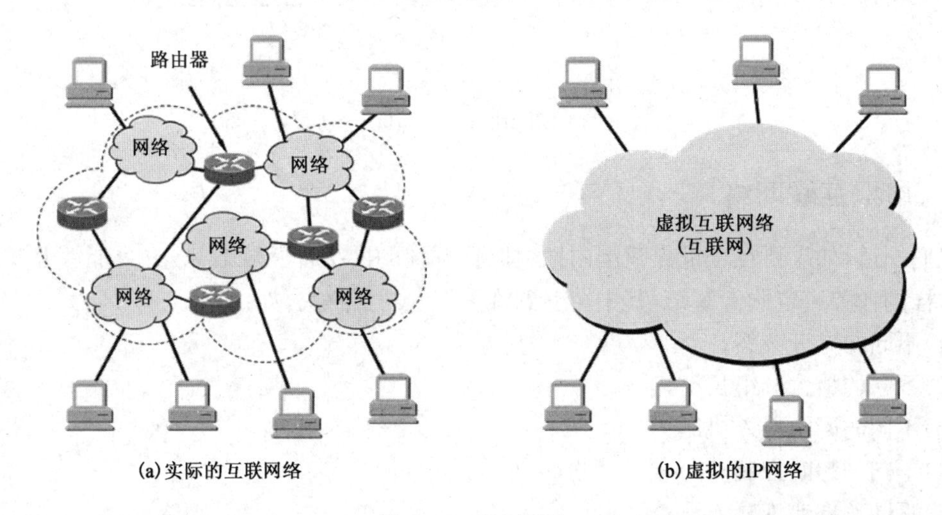

图 5-4　IP 的概念

当很多异构网络通过路由器互联起来时,如果所有的网络都使用相同的 IP 协议,那么在网络层讨论问题就显得很方便。现在用一个例子来说明。

在图 5-5 所示的互联网中的源主机 H_1 要把一个 IP 数据报发送给目的主机 H_2。根据前面讲过的分组交换的存储转发概念,主机 H_1 先要查找自己的路由表,看目的主机是否就在本网络上。如是,则不需要经过任何路由器而是直接交付,任务就完成了。如不是,则须把 IP 数据报发送给某个路由器(图中的 R_1)。R_1 在查找了自己的路由表后,知道应当把数据报转发给 R_2 进行间接交付。这样一直转发下去,最后由路由器 R_5 知道自己是和 H_2 连接在同一个网络上,不需要再使用别的路由器转发了,于是就把数据报直接交付给目的主机 H_2。

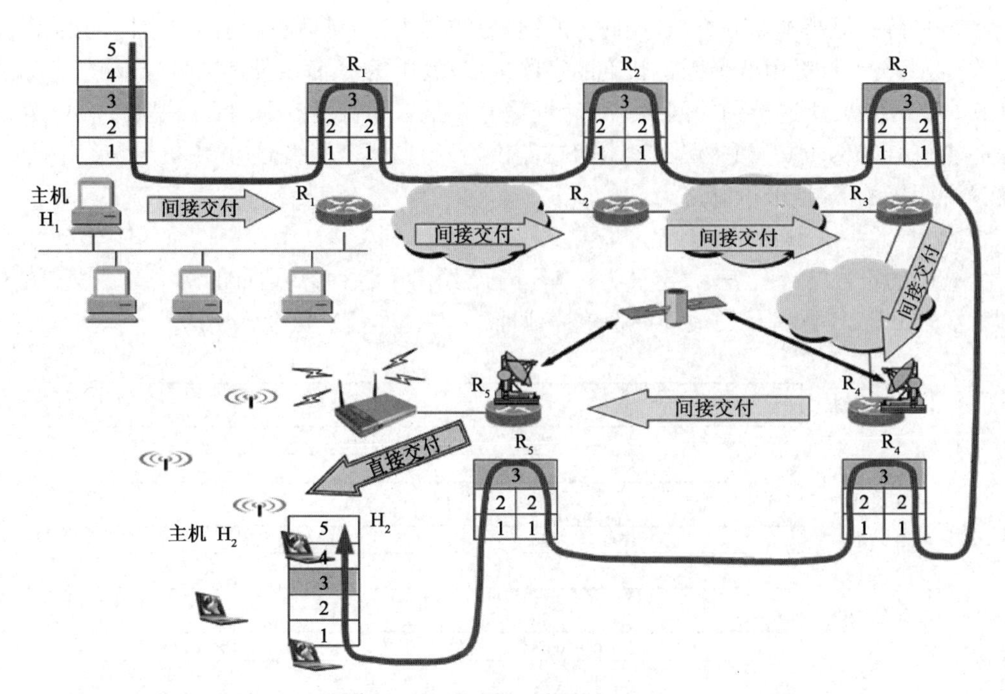

图 5-5　分组在互联网中的传送

图中画出了源主机、目的主机以及各路由器的协议栈。我们注意到，主机的协议栈共有五层，但路由器的协议栈只有下三层。图中还画出了数据在各协议栈中流动的方向（用蓝色粗线表示）。我们还可注意到，在 R_4 和 R_5 之间使用了卫星链路，而 R_5 所连接的是个无线局域网。在 R_1 到 R_4 之间的三个网络则可以是任意类型的网络。总之，这里强调的是：互联网可以由多种异构网络互联组成。

图中协议栈中的数字 1～5 分别表示物理层、数据链路层、网络层、运输层和应用层。

如果我们只从网络层考虑问题，那么 IP 数据报就可以想象是在网络层中传送（图 5-6）。这样就不必画出许多完整的协议栈，使问题的讨论更加简单。

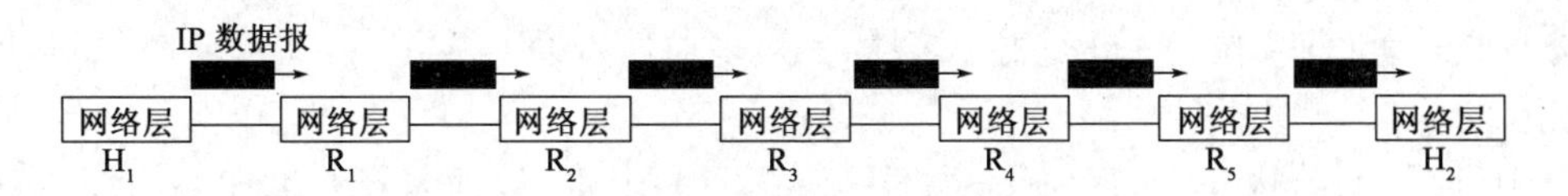

图 5-6　从网络层看 IP 数据报的传送

下面讨论在这样的虚拟网络上如何寻址。

二、分类的 IP 地址

在 TCP/IP 体系中，IP 地址是一个最基本的概念。

1. IP 地址及其表示方法

整个的因特网就是一个单一的、抽象的网络。IP 地址就是给因特网上的每一个主机（或路由器）的每一个接口分配一个 32 位的标识符（在全世界范围唯一）。IP 地址的结构使我们可以在因特网上很方便地进行寻址。IP 地址现在由因特网名字与号码指派公司进行分配。

本节只讨论最基本的分类 IP 地址。所谓“分类的 IP 地址”就是将 IP 地址划分为若干个固定类，每一类地址都由两个固定长度的字段组成，其中第一个字段是网络号(net - id)，它标志主机(或路由器)所连接到的网络。一个网络号在整个因特网范围内必须是唯一的。第二个字段是主机号(host - id)，它标志该主机(或路由器)。在一个网络号内，主机号是唯一的。

这种两级的 IP 地址可以记为：

IP 地址：：={＜网络号＞,＜主机号＞}　　　　(5 - 1)

上式中的符号“：：=”表示“定义为”。图 5 - 7 给出了各种 IP 地址的网络号字段和主机号字段，这里 A 类、B 类和 C 类地址都是单播地址(一对一通信)，是最常用的。

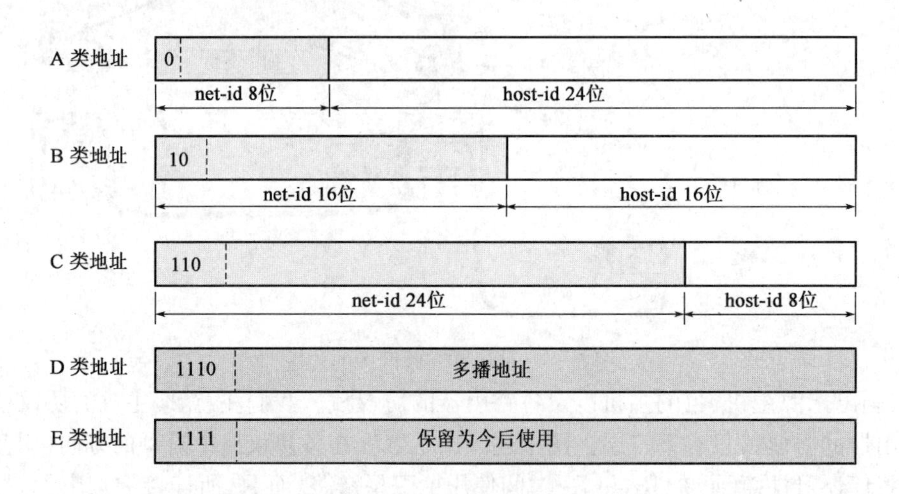

图 5 - 7　IP 地址中的网络号字段和主机号字段

从图 5 - 7 可以看出：

◆A 类、B 类和 C 类地址的网络号字段(灰色的)分别为 1 个、2 个和 3 个字节长，而在网络号字段的最前面有 1～3 位的类别位，其数值分别规定为 0、10 和 100。

◆A 类、B 类和 C 类地址的主机号字段分别为 3 个、2 个和 1 个字节长。

◆D 类地址(前 4 位是 1110)用于多播(一对多通信)，而 E 类地址(前 4 位是 1111)保留为以后用。

从 IP 地址的结构来看，IP 地址并不仅仅指明一个主机，而是还指明了主机所连接到的网络。

由于各种网络的差异很大，有的网络拥有很多主机，而有的网络上的主机则很少。把 IP 地址划分为 A 类、B 类和 C 类是为了更好地满足不同用户的要求。当某个单位申请到一个 IP 地址时，实际上是获得了具有同样网络号的一块地址。其中具体的各个主机号则由该单位自行分配，只要做到在该单位管辖的范围内无重复的主机号即可。

IP 地址点分十进制记法：对主机或路由器来说，IP 地址都是 32 位的二进制代码。为了提高可读性，常常把 32 位的 IP 地址中的每 8 位用其等效的十进制数字表示，并且在这些数字之间加上一个点，这就称为点分十进制记法，如图 5 - 8 表示，这是一个 B 类 IP 地址。显然，128.11.3.31 比 10000000 00001011 00000011 00011111 读起来要方便得多。

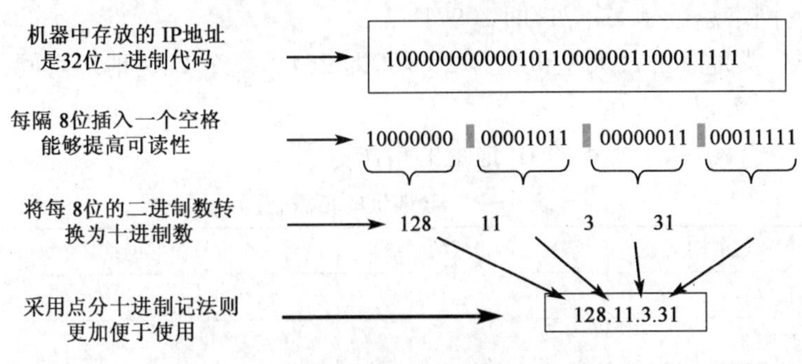

图 5-8 采用点分十进制记法提高可读性

2.常用三种类别的 IP 地址

1)A 类地址

(1)A 类地址的网络号字段占一个字节，只有 7 位可供使用(该字段的第一位已固定为 0)，但可指派的网络号是 126 个(即 2^7-2)。减 2 的原因是：第一，IP 地址中的全 0 表示“这个(this)”。网络号字段为全 0 的 IP 地址是个保留地址，意思是“本网络”。第二，网络号为 127(即 01111111)保留作为本地软件环回测试本主机的进程之间的通信之用。若主机发送一个目的地址为环回地址(例如 127.0.0.1)的 IP 数据报，则本主机中的协议软件就处理数据报中的数据，而不会把数据报发送到任何网络。

切记：目的地址为环回地址的 IP 数据报永远不会出现在任何网络上，因为网络号为 127 的地址根本不是一个网络地址。

(2)A 类地址的主机号占 3 字节，因此每一个 A 类网络中的最大主机数是 $2^{24}-2$，即 16777214。这里减 2 的原因是：全 0 的主机号字段表示该 IP 地址是“本主机”所连接到的单个网络地址(例如，某主机的 IP 地址为 5.6.7.8，则该主机所在的网络地址就是 5.0.0.0)，而全 1 表示“所有的(all)”，因此全 1 的主机号字段表示该网络上的所有主机。

IP 地址空间总共有 2^{32}(即 4294967296)个地址，整个 A 类地址空间共有 2^{31} 个地址，占有整个 IP 地址空间的 50%。

2)B 类地址

(1)B 类地址的网络号字段有 2 字节，但前面两位(10)已经固定了，只剩下 14 位可以进行分配。因为网络号字段后面的 14 位无论怎样取值也不可能出现使整个 2 字节的网络号字段成为全 0 或全 1，因此这里不存在网络总数减 2 的问题。但实际上 B 类网络地址 128.0.0.0 是不指派的，而可以指派的 B 类最小网络地址是 128.1.0.0。因此 B 类地址可指派的网络数为 $2^{14}-1$，即 16383。

(2)B 类地址的每一个网络上的最大主机数是 $2^{16}-2$，即 65534。这里需要减 2 是因为要扣除全 0 和全 1 的主机号。整个 B 类地址空间共约 2^{30} 个地址，占整个 IP 地址空间的 25%。

3)C 类地址

(1)C 类地址有 3 个字节的网络号字段，最前面的 3 位是(110)，还有 21 位可以进行分配。C 类网络地址 192.0.0.0 也是不指派的，可以指派的 C 类最小网络地址是 192.0.1.0，因此 C

类地址可指派的网络总数是 $2^{21}-1$，即 2097151。

(2)每一个 C 类地址的最大主机数是 $2^{8}-2$，即 254。整个 C 类地址空间共约 2^{29} 个地址，占整个 IP 地址的 12.5%。

这样，就可得出表 5-2 所示的 IP 地址的指派范围。

表 5-2　IP 地址的指派范围

网络类别	最大可指派的网络数	第一个可指派的网络号	最后一个可指派的网络号	每个网络中的最大主机数
A	126($2^{7}-2$)	1	126	16777214
B	16383($2^{14}-1$)	128.1	191.255	65534
C	2097151($2^{21}-1$)	192.0.1	223.255.255	254

4)IP 地址的特点

(1)每一个 IP 地址都由网络号和主机号两部分组成。从这个意义上说，IP 地址是一种分等级的地址结构。分两个等级的好处是：第一，IP 地址管理机构在分配 IP 地址时只分配网络号(第一级)，而剩下的主机号(第二级)则由得到该网络号的单位自行分配。这样就方便了 IP 地址的管理。第二，路由器仅根据目的主机所连接的网络号来转发分组(而不考虑目的主机号)，这样就可以使路由表中的项目数大幅度减少，从而减小了路由表所占的存储空间以及查找路由表的时间。

(2)实际上 IP 地址是标志一个主机(或路由器)和一条链路的接口。当一个主机同时连接到两个网络上时，该主机就必须同时具有两个相应的 IP 地址，其网络号必须是不同的。这种主机称为多归属主机。由于一个路由器至少应当连接到两个网络，因此一个路由器至少应当有两个不同的 IP 地址(见图 5-9 中的小圆圈)。

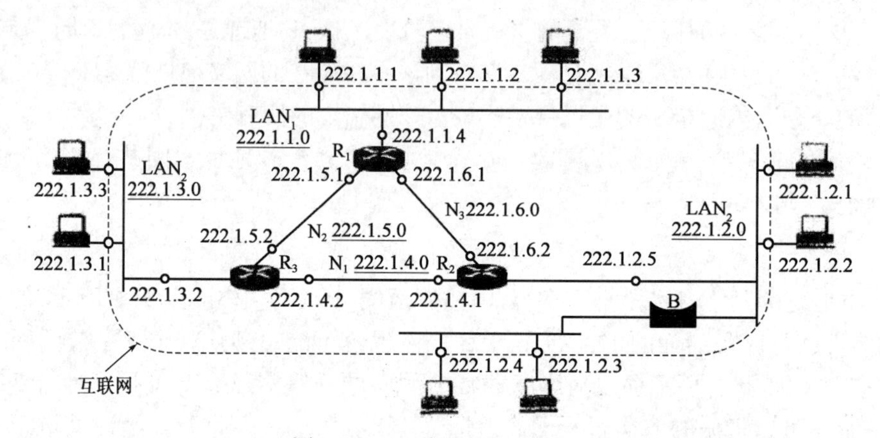

图 5-9　互联网中的 IP 地址

(3)按照因特网的观点，一个网络是指具有相同网络号 net-id 的主机的集合，因此，用转发器或网桥连接起来的若干个局域网仍为一个网络，因为这些局域网都具有同样的网络号。具有不同网络号的局域网必须使用路由器进行互联。

(4)在 IP 地址中，所有分配到网络号的网络(不管是范围很小的局域网，还是可能覆盖很大地理范围的广域网)都是平等的。

图 5-9 给出了三个局域网(LAN_1、LAN_2 和 LAN_3)通过三个路由器(R_1、R_2 和 R_3)互联

起来所构成的一个互联网(此互联网用虚线圆角方框表示)。其中局域网 LAN_2 是由两个网段通过网桥 B 互联的。图中的小圆圈表示需要有一个 IP 地址。

5)技术要点

(1)在同一个局域网上的主机或路由器 IP 地址中的网络号必须是一样的。

(2)用网桥(它只在链路层工作)互联的网段仍然是一个局域网,只能有一个网络号。

(3)路由器总是具有两个或两个以上的 IP 地址。即路由器的每一个接口都有一个不同网络号的 IP 地址。

(4)当两个路由器直接相连时(例如通过一条租用线路),在连线两端的接口处,可以分配也可以不分配 IP 地址。如分配了 IP 地址,则这一段连线就构成了一种只包含一段线路的特殊“网络”(如图中的 N_1、N_2 和 N_3)。之所以叫“网络”是因为它有 IP 地址。但为了节省 IP 地址资源,对于这种仅由一段连线构成的特殊“网络”,现在也常常不分配 IP 地址。通常把这样的特殊网络叫无编号网络或无名网络。

三、IP 地址与硬件地址

1. IP 地址与硬件地址的区别

在使用 IP 地址时,必须分清主机的 IP 地址与硬件地址的区别。图 5-10 说明了这两种地址的区别。从层次的角度看,硬件地址是数据链路层和物理层使用的地址(MAC),而 IP 地址是网络层和以上各层使用的地址,是一种逻辑地址(称 IP 地址是逻辑地址是因为 IP 地址是用软件实现的)。

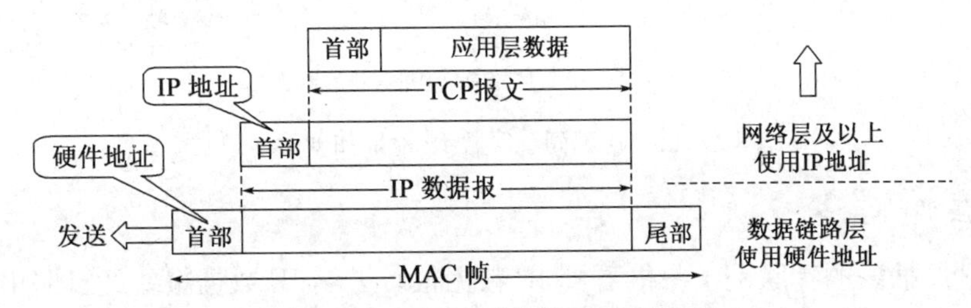

图 5-10 IP 地址与硬件地址的区别

在发送数据时,数据从高层下到低层,然后才到通信链路上传输。使用 IP 地址的 IP 数据报一旦交给了数据链路层,就被封装成 MAC 帧了。MAC 帧在传送时使用的源地址和目的地址都是硬件地址,这两个硬件地址都写在 MAC 帧的首部中。

连接在通信链路上的设备(主机或路由器)在接收 MAC 帧时,其根据是 MAC 帧首部中的硬件地址。在数据链路层看不见隐藏在 MAC 帧的数据中的 IP 地址。只有在剥去 MAC 帧的首部和尾部后把 MAC 层的数据上交给网络层后,网络层才能在 IP 数据报的首部中找到源 IP 地址和目的 IP 地址。

总之,IP 地址放在 IP 数据报的首部,而硬件地址则放在 MAC 帧的首部。在网络层和网络层以上使用的是 IP 地址,而数据链路层及以下使用的是硬件地址。在图 5-9 中,当 IP 数据报放入数据链路层的 MAC 帧中以后,整个的 IP 数据报就成为 MAC 帧的数据,因而在数据链路层看不见数据报的 IP 地址。

图 5-11(a)画的是三个局域网用两个路由器 R_1 和 R_2 互联起来。现在主机 H_1 要和主机 H_2 通信。这两个主机的 IP 地址分别是 IP_1 和 IP_2，而它们硬件地址分别为 HA_1 和 HA_2(HA 表示 Hardware Address)。通信的路径是：H_1→经过 R_1 转发→再经过 R_2 转发→H_2。路由器 R_1 因同时连接到两个局域网上，因此它有两个硬件地址，即 HA_3 和 HA_4。同理，路由器 R_2 也有两个硬件地址 HA_5 和 HA_6。

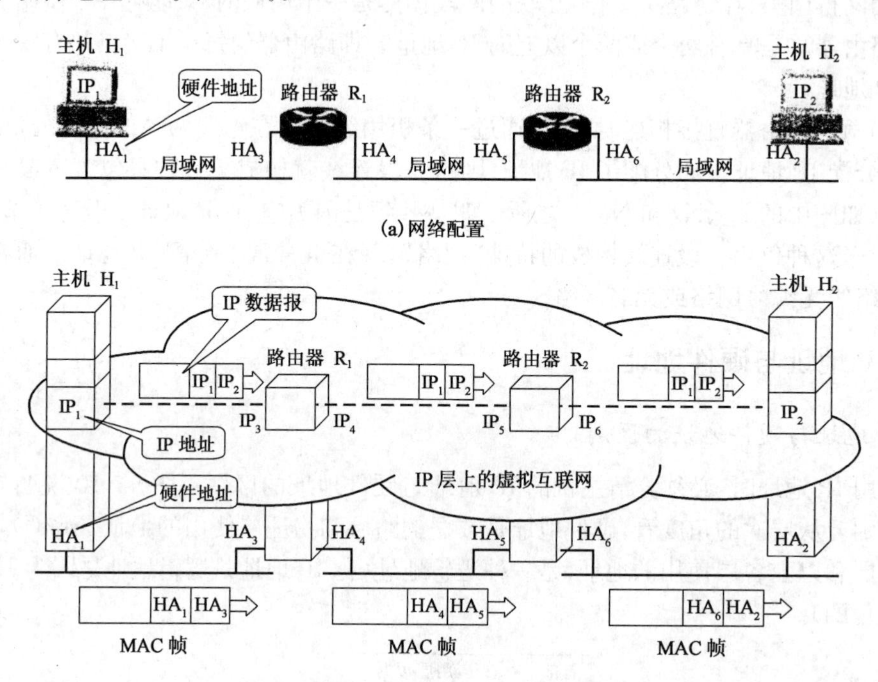

图 5-11 从不同层次看 IP 地址和硬件地址

2. 需要强调的要点

(1)在 IP 层抽象的互联网上只能看到 IP 数据报。虽然 IP 数据报要经过路由器 R_1 和 R_2 的两次转发，但在它的首部中的源地址和目的地址始终分别是 IP_1 和 IP_2。图中的数据报上写的“从 IP_1 到 IP_2”就表示前者是源地址而后者是目的地址。数据报中间经过的两个路由器的 IP 地址并不出现在 IP 数据报的首部。

(2)虽然在 IP 数据报首部有源站 IP 地址，但路由器只根据目的站的 IP 地址的网络号进行路由选择。

(3)在局域网的链路层，只能看见 MAC 帧。IP 数据报被封装在 MAC 帧中。MAC 帧在不同网络上传送时，其 MAC 帧首部中的源地址和目的地址要发生变化。开始在 H_1 到 R_1 间传送时，MAC 帧首部中写的是从硬件地址 HA_1 发送到硬件地址 HA_3，路由器 R_1 收到此 MAC 帧后，在转发时要改变首部中的源地址和目的地址，将它们换成从硬件地址 H_4 发送到硬件地址 HA_5。路由器 R_2 收到此帧后，再改变一次 MAC 帧的首部，填入从 H_6 发送到 HA_2，然后在 R_2 到 H_2 之间传送。MAC 帧的首部的这种变化，在上面的 IP 层上也是看不见的。

图 5-11(b)特别强调了 IP 地址与硬件地址的区别。表 5-3 归纳出这种区别。

表 5-3　IP 地址与硬件地址的区别

	在网络层写入 IP 数据报首部的地址		在数据链路层写入 MAC 帧首部的地址	
	源地址	目的地址	源地址	目的地址
从 H_1 到 R_1	IP_1	IP_2	HA_1	HA_3
从 R_1 到 R_2	IP_1	IP_2	HA_4	HA_5
从 R_2 到 H_2	IP_1	IP_2	HA_6	HA_2

(4)尽管互联在一起的网络的硬件地址体系各不相同,但 IP 层抽象的互联网却屏蔽了下层这些很复杂的细节。

四、地址解析协议 ARP 和逆地址解析协议 RARP

在实际应用中,我们经常会遇到这样的问题:已知一个机器(主机或路由器)的 IP 地址,需要找出其相应的物理地址;或反过来,已知物理地址,需要找出相应的 IP 地址。地址解析协议 ARP 和逆地址解析协议 RARP 就是用来解决这样的问题的。图 5-12 说明了这两种协议的作用。

由于现在的 DHCP 协议已经包含了 RARP 协议的功能。因此现在已经没有人再使用单独的 RARP 协议了。我们只需要知道逆地址解析协议 RARP 的作用是只知道自己硬件地址的主机能够通过 RARP 协议找出其 IP 地址。

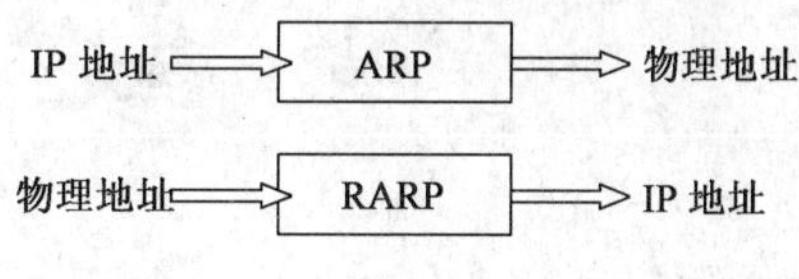

图 5-12　ARP 和 RARP 协议的作用

1. 地址解析协议 ARP

ARP 协议是"Address Resolution Protocol"(地址解析协议)的缩写。在局域网中,网络中实际传输的是"帧",帧里面是有目标主机的 MAC 地址的。在以太网中,一个主机和另一个主机进行直接通信,必须要知道目标主机的 MAC 地址。但这个目标 MAC 地址是如何获得的呢?它就是通过地址解析协议获得的。所谓"地址解析"就是主机在发送帧前根据目标 IP 地址解析获得目标 MAC 地址的过程。ARP 协议的基本功能就是通过目标设备的 IP 地址,查询目标设备的 MAC 地址,以保证通信的顺利进行。

2. ARP 协议的工作原理

地址解析协议 ARP 解决这个问题的方法是在主机 ARP 高速缓存中存放一个从 IP 地址到硬件地址的映射表,并且这个映射表还经常动态更新(新增或超时删除)。那么主机怎样知道这些地址呢?我们可以通过下面的例子来说明。

当主机 A 要向本局域网上的某个主机 B 发送 IP 数据报时,就先在其 ARP 高速缓存中查看有无主机 B 的 IP 地址。如有,就在 ARP 高速缓存中查出其对应的硬件地址,再把这个硬件地址封装到 MAC 帧,然后通过局域网把该 MAC 帧发往此硬件地址(目标主机)。

也有可能查不到主机 B 的 IP 地址项。这可能是主机 B 才入网,也可能是主机 A 刚刚加电,其高速缓存还是空的。在这种情况下,主机 A 就自动运行 ARP,然后按以下步骤找出主机 B 的硬件地址。

(1)ARP 进程在本局域网上广播发送一个 ARP 请求分组,图 5-13(a)是主机 A 广播发送 ARP 请求分组的示意图。ARP 请求分组的主要内容是表明:“我的 IP 地址是 209.0.0.5，硬件地址是 00－00－C0－15－AD－18。我想知道 IP 地址为 209.0.0.6 的主机的硬件地址。”

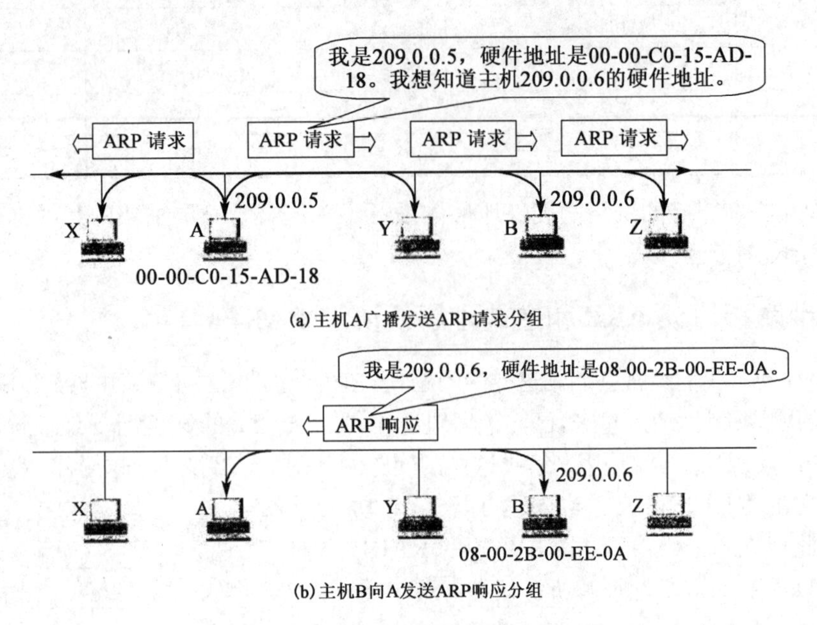

图 5－13　地址解析协议 ARP 的工作原理

(2)在本局域网上的所有主机上运行的 ARP 进程都收到此 ARP 请求分组。

(3)主机 B 在 ARP 请求分组中见到自己的 IP 地址，就向主机 A 发送 ARP 响应分组，并写入自己的硬件地址。其余的所有主机都不理睬这个 ARP 请求分组，见图 5－13(b)。ARP 响应分组的主要内容是表明:“我的 IP 地址是 209.0.0.6，我的硬件地址是 08－00－2B－00－EE－0A”。请注意，虽然 ARP 请求分组是广播发送的，但 ARP 响应分组是普通的单播，即从一个源地址发送到一个目的地址。

(4)主机 A 收到主机 B 的 ARP 响应分组后，就在其 ARP 高速缓存中写入主机 B 的 IP 地址到硬件地址的映射。

3. 需要强调的要点

(1)当主机 A 向 B 发送数据报时，很可能以后不久主机 B 还要向 A 发送数据报，因而主机 B 也可能要向 A 发送 ARP 请求分组。为了减少网络上的通信量，主机 A 在发送其 ARP 请求分组时，就把自己的 IP 地址到硬件地址的映射写入 ARP 请求分组。当主机 B 收到 A 的 ARP 请求分组时，就把主机 A 的这一地址映射写入主机 B 自己的 ARP 高速缓存中。以后主机 B 向 A 发送数据报时就很方便了。

可见 ARP 高速缓存非常有用。如果不使用 ARP 高速缓存，那么任何一个主机只要进行一次通信，就必须在网络上用广播方式发送 ARP 请求分组，这就使网络上的通信量大大增加。ARP 把已经得到的地址映射保存在高速缓存中，这样就使得该主机下次再和具有同样目的地址的主机通信时，可以直接从高速缓存中找到所需的硬件地址而不必再用广播方式发送 ARP 请求分组。

(2)ARP 把保存在高速缓存中的每一个映射地址项目都设置生存时间(例如，10～

20min)。凡超过生存时间的项目就从高速缓存中删除。设置这种地址映射项目的生存时间是很重要的。设想有一种情况。主机 A 和 B 通信。A 的 ARP 高速缓存里保存有 B 的物理地址。但 B 的网络适配器突然坏了,B 立即更换了一块,因此 B 的硬件地址就改变了。假定 A 还要和 B 继续通信。A 在其 ARP 高速缓存中查找到 B 原先的硬件地址,并使用该硬件地址向 B 发送数据帧。但 B 原先的硬件地址已经失效了,因此 A 无法找到主机 B。但是过了一段不长的时间,A 的 ARP 高速缓存中已经删除了 B 原先的硬件地址(因为它的生存时间到了),于是 A 重新广播发送 ARP 请求分组,又找到了 B。

(3)ARP 是解决同一个局域网上的主机或路由器的 IP 地址和硬件地址的映射问题。如果所要找的主机和源主机不在同一个局域网上,例如,在图 5－13 中,主机 H_1 就无法解析出主机 H_2 的硬件地址。主机 H_1 发送给 H_2 的 IP 数据报首先需要通过与主机 H_1 连接在同一个局域网上的路由器 R_1 来转发。因此主机 H_1 这时需要把路由器 R_1 的 IP 地址 IP_3 解析为硬件地址 HA_3,以便能够把 IP 数据报传送到路由器 R_1。以后,R_1 从转发表找出了下一跳路由器 R_2,同时使用 ARP 解析出 R_2 的硬件地址 HA_5。于是 IP 数据报按照硬件地址 HA_5 转发到路由器 R_2。路由器 R_2 在转发这个 IP 数据报时用类似方法解析出目的主机 H_2 的硬件地址 HA_2,使 IP 数据报最终交付给主机 H_2。

(4)从 IP 地址到硬件地址的解析是自动进行的,主机的用户对这种地址解析过程是不知道的。只要主机或路由器要和本网络上的另一个已知 IP 地址的主机或路由器进行通信,ARP 协议就会自动地把这个 IP 地址解析为链路层所需要的硬件地址。

下面归纳使用 ARP 的四种典型情况:

(1)发送方是主机,要把 IP 数据报发送到本网络上的另一个主机,这时用 ARP 找到目的主机的硬件地址。

(2)发送方是主机,要把 IP 数据报发送到另一个网络上的一个主机。这时用 ARP 找到本网络上的一个路由器的硬件地址。剩下的工作由这个路由器来完成。

(3)发送方是路由器,要把 IP 数据报转发到本网络上的一个主机。这时用 ARP 找到目的主机的硬件地址。

(4)发送方是路由器,要把 IP 数据报转发到另一个网络上的一个主机。这时用 ARP 找到本网络上的另一个路由器的硬件地址。剩下的工作由另一个路由器来完成。

人们可能会产生这样的问题:既然在网络链路上传送的帧最终是按照硬件地址找到目的主机的,那么为什么我们不直接使用硬件地址进行通信,而是要使用抽象的 IP 地址并调用 ARP 来寻找出相应的硬件地址呢?

这是因为,由于全世界存在着各式各样的网络,它们使用不同的硬件地址。要使这些异构网络能够互相通信就必须进行非常复杂的硬件地址转换工作,因此由用户或用户主机来完成这项工作几乎是不可能的事。但统一的 IP 地址把这个复杂问题解决了。连接到因特网的主机只需拥有统一的 IP 地址,它们之间的通信就像连接在同一个网络上那样简单方便,因为上述的调用 ARP 的复杂过程都是由计算机软件自动进行的,对用户来说是看不见这种调用过程的。因此,在虚拟的 IP 网络上用 IP 地址进行通信给广大的计算机用户带来很大的方便。

五、IP 数据报的格式

IP 数据报的格式能够说明 IP 协议都具有什么功能。在 TCP/IP 的标准中,各种数据格式常常以32(即4字节)为单位来描述。图5-14是IP数据报的完整格式。

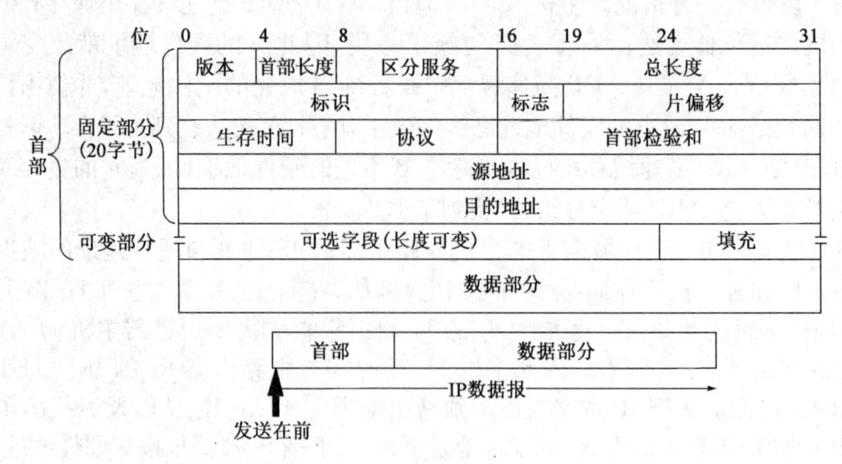

图5-14 IP数据报的格式

从图5-14可看出,一个IP数据报由首部和数据两部分组成。首部的前一部分是固定长度,共20字节,是所有IP数据报必须具有的。在首部的固定部分的后面是一些可选字段,其长度是可变的。下面介绍首部各字段的意义。

1. IP数据报首部固定部分中的各字段

(1)版本占4位,指IP协议的版本。通信双方使用的IP协议的版本必须一致。目前广泛使用的IP协议版本号为4(即IPv4)。

(2)首部长度占4位,可表示的最大十进制数值是15。请注意,这个字段所表示数的单位是32位(一个字的长度,共4字节),因此,当IP的首部长度为1111时(即十进制的15),首部长度就达到最大值60字节。当IP分组的首部长度不是4字节的整数倍时,必须利用最后的填充字段加以填充。因此数据部分永远在4字节的整数倍时开始,这样在实现IP协议时较为方便。首部长度限制为60字节的缺点是有时可能不够用。但这样做是希望用户尽量减少开销。最常用的首部长度就是20字节(即首部长度为0101),这时不使用任何选项。

(3)区分服务占8位,用来获得更好的服务。这个字段在旧标准中叫服务类型。只有在使用区分服务时,这个字段才起作用,在一般的情况下都不使用这个字段。

(4)总长度指首部和数据之和的长度,单位为字节。总长度字段为16位,因此数据报的最大长度为$2^{16}-1=65535$字节。

在IP层下面的每一种数据链路层都有其自己的帧格式,其中包括帧格式中的数据字段的最大长度,这称为最大传送单元(Maximum Transfer Unit,MTU)。当一个IP数据报封装成链路层的帧时,此数据报的总长度(即首部加上数据部分)一定不能超过下面的数据链路层的MTU值。

虽然使用尽可能长的数据报会使传输效率提高,但由于以太网的普遍应用,所以实际上使用的数据报长度很少有超过1500字节的。为了不使IP数据报的传输效率降低,有关IP的标准文档规定,所有的主机和路由器必须能够处理的IP数据报长度不得小于576字节。这个数值也就是最小的IP数据报的总长度。当数据报长度超过网络所容许的最大传送单元MTU

时，就必须把过长的数据报进行分片后才能在网络上传送（见后面的"片偏移"字段）。这时，数据报首部中的"总长度"字段不是指未分片前的数据报长度，而是指分片后的每一个分片的首部长度与数据长度的总和。

(5)标识(identification)占16位。IP软件在存储器中维持一个计数器，每产生一个数据报，计数器就加1，并将此值赋给标识字段。但这个"标识"并不是序号，因为IP是无连接服务，数据报不存在按序接收的问题。当数据报由于长度超过网络的MTU而必须分片时，这个标识字段的值就被复制到所有的数据报片的标识字段中。相同的标识字段的值使分片后的各数据报片最后能正确地重装成为原来的数据报。

(6)标志(flag)占3位，但目前只有两位有意义。

①标志字段中的最低位记为(More Fragment，MF)。MF=1即表示后面"还有分片"的数据报。MF=0表示这已是若干数据报片中的最后一个。

②标志字段中间的一位记为DF，意思是"不能分片"。只有当DF=0时才允许分片。

(7)片偏移占13位。片偏移指出：较长的分组在分片后，某片在原分组中的相对位置。也就是说，相对于用户数据字段的起点，该片从何处开始。片偏移以8个字节为偏移单位。这就是说，每个分片的长度一定是8字节(64位)的整数倍。

(8)生存时间占8位，生存时间字段常用的英文缩写是(Time To Live，TTL)，表明是数据报在网络中的寿命。由发出数据报的源点设置这个字段。其目的是防止无法交付的数据报无限制地在因特网中兜圈子，因而白白消耗网络资源。最初的设计是以秒作为TTL的单位。每经过一个路由器时，就把TTL减去数据报在路由器所消耗掉的一段时间。若数据报在路由器消耗的时间小于1s，就把TTL值减1。当TTL值减为零时，就丢弃这个数据报。

然而随着技术的进步，路由器处理数据报所需的时间不断在缩短，一般都远远小于1s，后来就把TTL字段的功能改为"跳数限制"(但名称不变)。路由器在转发数据报之前就把TTL值减1。若TTL值减小到零，就丢弃这个数据报，不再转发。因此，现在ITL的单位不再是秒，而是跳数。

TTL的意义是指明数据报在因特网中至多可经过多少个路由器。显然，数据报能在因特网中经过的路由器的最大数值是255。若把TTL的初始值设置为1，就表示这个数据报只能在本局域网中传送。因为这个数据报一传送到局域网上的某个路由器，在被转发之前TTL值就减小到零，因而就会被这个路由器丢弃。

(9)协议占8位，协议字段指出此数据报携带的数据是使用何种协议，以便使目的主机的IP层知道应将数据部分上交给哪个处理过程。

常用的一些协议和相应的协议字段值如下：

协议名	ICMP	IGMP	TCP	EGP	IGP	UDP	IPv6	OSPF
协议字段值	1	2	6	8	9	17	41	89

(10)首部检验和占16位。这个字段只检验数据报的首部，但不包括数据部分。这是因为数据报每经过一个路由器，路由器都要重新计算一下首部检验和(一些字段，如生存时间、标志、片偏移等都可能发生变化)。不检验数据部分可减少计算的工作量。为了进一步减小计算检验和的工作量，IP首部的检验和不采用复杂的CRC检验码而采用其他简单计算方法。

(11)源地址占 32 位。

(12)目的地址占 32 位。

2. IP 数据报首部的可变部分

IP 首部的可变部分就是一个选项字段。选项字段用来支持排错、测量以及安全等措施，内容很丰富。此字段的长度可变，从 1 个字节到 40 个字节不等，取决于所选择的项目。某些选项项目只需要1个字节，它只包括 1 个字节的选项代码。但还有些选项需要多个字节，这些选项一个个拼接起来，中间不需要有分隔符，最后用全 0 的填充字段补齐成为 4 字节的整数倍。

增加首部的可变部分是为了增加 IP 数据报的功能，但这同时也使得 IP 数据报的首部长度成为可变的。这就增加了每一个路由器处理数据报的开销。实际上这些选项很少被使用。新的 IP 版本 IPv6 就把 IP 数据报的首部长度做成固定的。

六、IP 层转发分组的流程

1. 查找路由表

下面我们先用一个简单例子来说明路由器是怎样转发分组的。图 5－15(a)是一个路由表的简单的例子。有四个 A 类网络通过三个路由器连接在一起。每一个网络上都可能有成千上万个主机。可以想象，若按目的主机号来制作路由表，则所得出的路由表就会过于庞大(如果每一个网络有 1 万台主机，四个网络就有 4 万台主机，因而每一个路由表就有 4 万个项

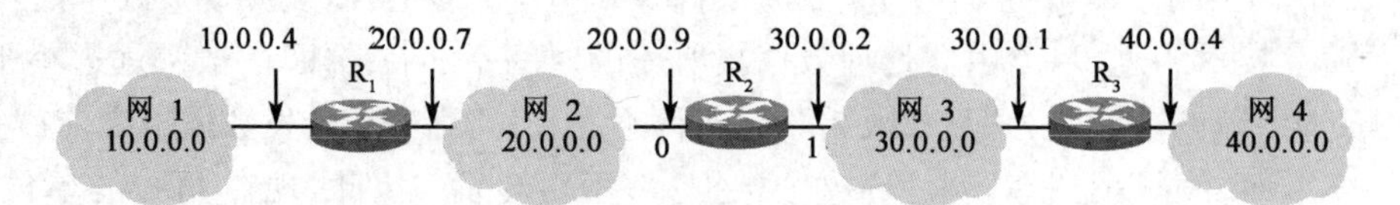

路由器R_2的路由表

目的主机所在的网络	下一跳地址
20.0.0.0	直接交付，接口0
30.0.0.0	直接交付，接口1
10.0.0.0	20.0.0.7
40.0.0.0	30.0.0.1

(a)路由器R_2的路由表

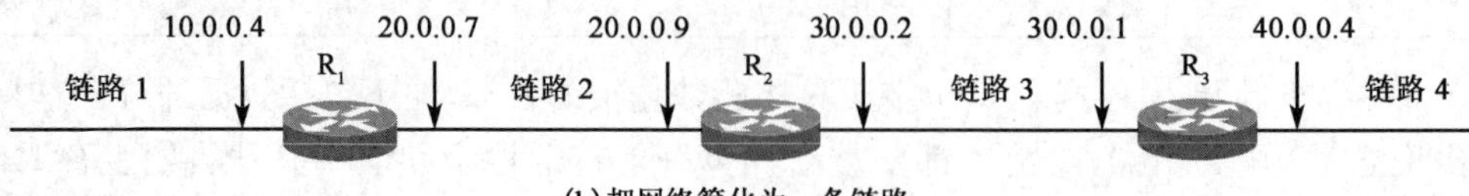

(b)把网络简化为一条链路

图 5－15 路由表举例

目,也就是 4 万行。每一行对应于一个主机)。但若按主机所在的网络地址来制作路由表,那么每一个路由器中的路由表就只包含 4 个项目(即只有 4 行,每一行对应于一个网络)。以路由器 R_2 的路由表为例。由于 R_2 同时连接在网络 2 和网络 3 上,因此只要目的站在这两个网络上,在利用地址解析协议 ARP 找到这些主机相应的硬件地址后都可通过接口 0 或 1 由路由器 R_2 直接交付。若目的主机在网络 1 中,则下一跳路由器应为 R_1,其 IP 地址为 20.0.0.7。路由器 R_2 和 R_1 由于同时连接在网络 2 上,因此从路由器 R_2 把分组转发到路由器 R_1 是很容易的。同理,若目的主机在网络 4 中,则路由器 R_2 应把分组转发给 IP 地址为 30.0.0.1 的路由器 R3。

可以把整个的网络拓扑简化为图 5-15(b)所示的那样。在简化图中,网络变成了一条链路,但每一个路由器旁边都注明其 IP 地址。使用这样的简化图,可以使我们不用关心某个网络内部的具体拓扑以及连接在该网络上有多少台计算机。

总之,在路由表中,对每一条路由最主要的是以下两个信息:

(目的主机所在的网络地址,下一跳的地址)

2.特定主机路由

虽然因特网所有的分组转发都是基于目的主机所在的网络,但在大多数情况下都允许有这样的特例,即对特定的目的主机指明一个路由。这种路由叫特定主机路由。采用特定主机路由可使网络管理人员能更方便地控制网络和测试网络,同时也可在需要考虑某种安全问题时采用这种特定主机路由。在对网络的连接或路由表进行排错时,指明到某一个主机的特殊路由就十分有用。

3.默认路由

默认路由——一台主机发送 IP 数据报时若找不到可用的网关,就把报文发给指定的某个出口地址。采用默认路由可以减少路由表所占用的空间和搜索路由表所用的时间。

4.分组转发算法

根据以上所述,可归纳出分组转发算法如下:

(1)从数据报的首部提取目的主机的 IP 地址 D,得出目的网络地址为 N。

(2)若 N 就是与此路由器直接相连的某个网络地址,则进行直接交付(不需要再经过其他的路由器)即:直接把数据报交付给目的主机;否则就是间接交付,执行(3)。

(3)若路由表中有目的地址为 D 的特定主机路由,则把数据报传送给路由表中所指明的下一跳路由器;否则,执行(4)。

(4)若路由表中有到达网络 N 的路由,则把数据报传送给路由表中所指明的下一跳路由器;否则,执行(5)。

(5)若路由表中有一个默认路由,则把数据报传送给路由表中所指明的默认路由器;否则,执行(6)。

(6)报告转发分组出错。

上面所讨论的是 IP 层怎样根据路由表的内容进行分组转发,而没有涉及路由表一开始是如何建立以及路由表中的内容应如何进行更新。

第三节　划 分 子 网

一、划分子网

1.从两级 IP 地址到三级 IP 地址

早期的 IP 地址由网络号和主机号两级组成，存在以下缺点：

(1)IP 地址空间的利用率有时很低。

每一个 A 类地址网络可连接的主机数超过 1000 万，而每一个 B 类地址网络可连接的主机数也超过 6 万。然而有些网络对连接在网络上的计算机数目有限制，根本达不到这样大的数值。例如 10BASE-T 以太网规定其最大结点数只有 1024 个。这样的以太网若使用一个 B 类地址就浪费 6 万多个 IP 地址，地址空间的利用率还不到 2%，造成极大浪费。IP 地址的浪费，还会使 IP 地址空间的资源过早地被用完。

(2)给每一个物理网络分配一个网络号会使路由表变得太大，因而使网络性能变坏。

(3)两级 IP 地址不够灵活。有时情况紧急，一个单位需要在新的地点马上开通一个新的网络。但是在申请到一个新的 IP 地址之前，新增加的网络是不可能连接到因特网上工作的。

为解决上述问题，从 1985 年起在 IP 地址中又增加了一个“子网号字段”，使两级 IP 地址变成为三级 IP 地址，它能够较好地解决上述问题，并且使用起来也很灵活。这种做法叫作划分子网(sub netting)，或子网寻址或子网路由选择。

2.划分子网

划分子网的基本思路如下：

(1)一个拥有许多物理网络的单位，可将所属的物理网络划分为若干个子网(subnet)。划分子网纯属一个单位内部的事情。本单位以外的网络看不见这个网络是由多少个子网组成，因为这个单位对外仍然表现为一个网络。

(2)划分子网的方法是从网络的主机号借用若干位作为子网号 subnet-id，当然主机号也就相应减少了同样的位数。于是两级 IP 地址在本单位内部就变为三级 IP 地址：网络号、子网号和主机号。也可以用以下记法来表示：

IP 地址::={＜网络号＞,＜子网号＞,＜主机号＞}　　(5-2)

(3)凡是从其他网络发送给本单位某个主机的 IP 数据报，仍然是根据 IP 数据报的目的网络号找到连接在本单位网络上的路由器。但此路由器在收到 IP 数据报后，再按目的网络号和子网号找到目的子网，把 IP 数据报交付给目的主机。

下面举例说明划分子网的概念。图 5-16 表示某单位拥有一个 B 类 IP 地址，网络地址是 145.13.0.0(网络号是 145.13)。凡目的地址为 145.13.x.x 的数据报都被送到这个网络上的路由器 R_1。

现把图 5-16 的网络划分为三个子网(图 5-17)。这里假定子网号占用 8 位，因此在增加了子网号后，主机号就只有 8 位。所划分的三个子网分别是：145.13.3.0，145.13.7.0 和

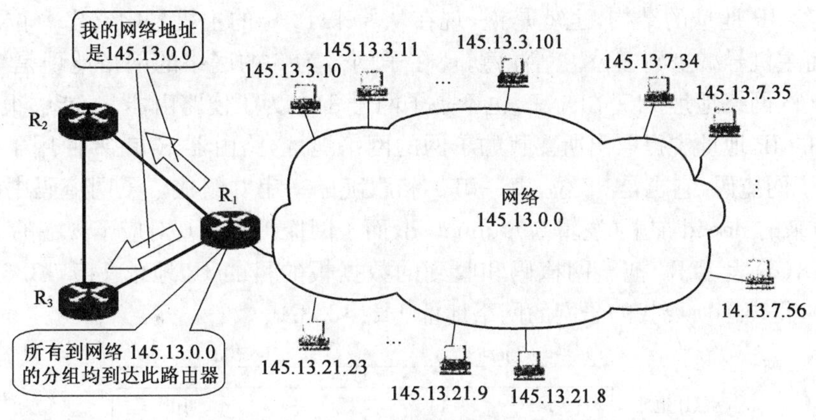

图 5-16　一个 B 类网络 145.13.0.0

145.13.21.0。在划分子网后，整个网络对外部仍表现为一个网络，其网络地址仍为 145.13.0.0。但网络 145.13.0.0 上的路由器 R_1 在收到外来的数据报后，再根据数据报的目的地址把它转发到相应的子网。

总之，当没有划分子网时，IP 地址是两级结构。划分子网后 IP 地址变成了三级结构。划分子网只是把 IP 地址的主机号 host-id 这部分进行再划分，而不改变 IP 地址原来的网络号 net-id。

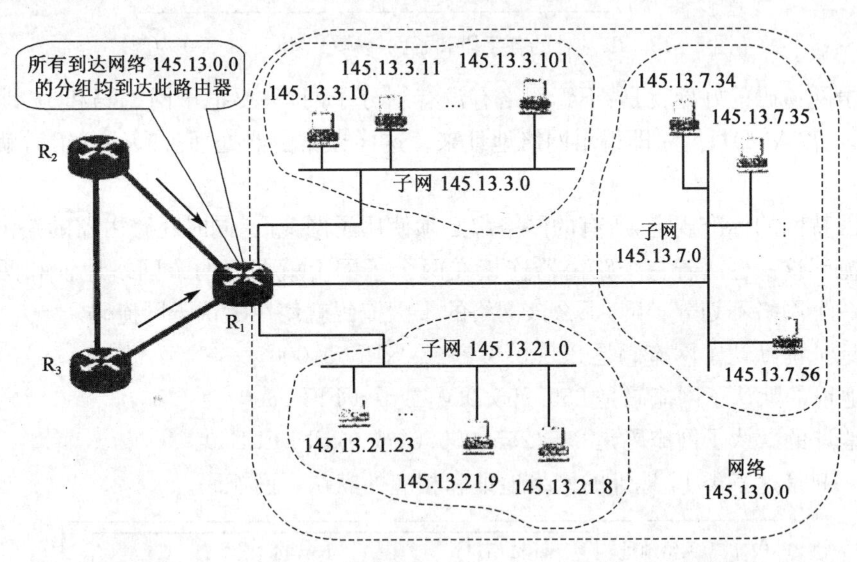

图 5-17　把图 5-16 的网络 145.13.0.0 划分为三个子网，但对外仍是一个网络

3. 子网掩码

现在剩下的问题就是：假定有一个数据报（其目的地址是 145.13.3.10）已经到达了路由器 R_1，那么这个路由器如何把它转发到子网 145.13.3.0 呢？

我们知道，从 IP 数据报的首部并不知道源主机或目的主机所连接的网络是否进行了子网的划分。这是因为 32 位的 IP 地址本身以及数据报的首部都没有包含任何有关子网划分的信息，因此必须另外想办法，这就是使用子网掩码（subnet mask）。

图 5-18(a)是 IP 地址为 145.13.3.10 的主机本来的两级 IP 地址结构。图 5-18(b)是同

一主机的三级 IP 地址的结构，也就是说，现在从原来 16 位的主机号中拿出 8 位作为子网号 subnet-id，而主机号减少到 8 位。请注意，现在子网号为 3 的网络的网络地址是 145.13.3.0（既不是原来的网络地址 145.13.0.0，也不是子网号 3）。为了使路由器 R_1 能够很方便地从数据报中的目的 IP 地址中提取出所要找的子网的网络地址，路由器 R_1 就要使用子网掩码。图 5-18(c)是子网掩码，它也是 32 位，由一串 1 和跟随的一串 0 组成。子网掩码中的 1 对应于 IP 地址中原来的 net-id 加上（逻辑与）subnet-id，而子网掩码中的 0 对应于现在的 host-id。

图 5-18(d)表示 R_1 把子网掩码和收到的数据报的目的 IP 地址 145.13.3.10 逐位相"与"(AND)，得出了所要找的子网的网络地址 145.13.3.0。

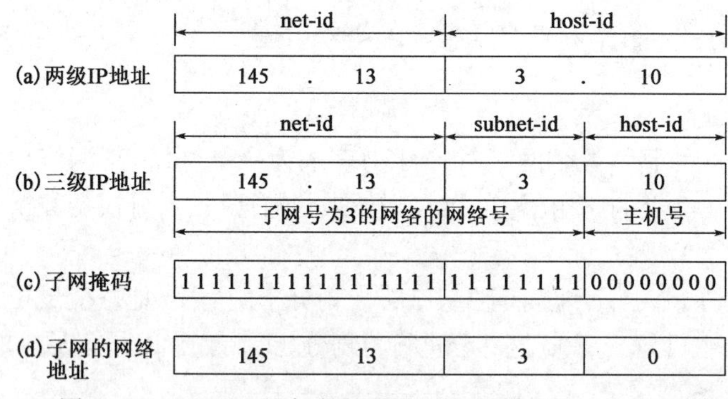

图 5-18　IP 地址的各字段和子网掩码（以 145.13.0.0 为例）

使用子网掩码的好处就是：不管网络有没有划分子网，只要把子网掩码和 IP 地址进行逐位的"与"运算(AND)，就立即得出网络地址来。这样在路由器处理到来的分组时就可采用同样的算法。

现在因特网的标准规定：所有的网络都必须使用子网掩码，同时在路由器的路由表中也必须有子网掩码这一栏。若一个路由器连接在两个子网上就拥有两个网络地址和两个子网掩码。如果一个网络不划分子网，那么该网络的子网掩码就使用默认子网掩码。

A 类地址的默认子网掩码是 255.0.0.0，或 0xFF000000。

B 类地址的默认子网掩码是 255.255.0.0，或 0xFFFF0000。

C 类地址的默认子网掩码是 255.255.255.0，或 0xFFFFFF00。

图 5-19 是这三类 IP 地址的网络地址和相应的默认子网掩码。

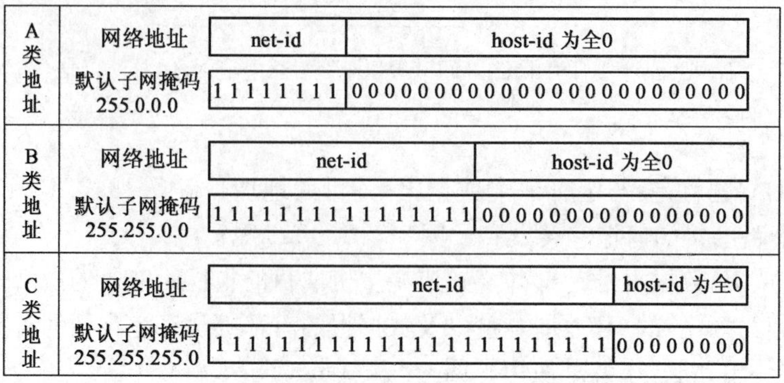

类别	项目	前部	后部
A类地址	网络地址	net-id	host-id 为全0
	默认子网掩码 255.0.0.0	11111111	000000000000000000000000
B类地址	网络地址	net-id	host-id 为全0
	默认子网掩码 255.255.0.0	1111111111111111	0000000000000000
C类地址	网络地址	net-id	host-id 为全0
	默认子网掩码 255.255.255.0	111111111111111111111111	00000000

图 5-19　A 类、B 类和 C 类 IP 地址的默认子网掩码

我们以一个B类地址为例，说明可以有多少种子网划分的方法。在采用固定长度子网时，所划分的所有子网的子网掩码都是相同的(见表5-4)。

表5-4　B类地址的子网划分选择(使用固定长度子网)

子网号的位数	子网掩码	子网数	每个子网的主机数
2	255.255.192.0	2	16382
3	255.255.224.0	6	8190
4	255.255.240.0	14	4094
5	255.255.248.0	30	2046
6	255.255.252.0	62	1022
7	255.255.254.0	126	510
8	255.255.255.0	254	254
9	255.255.255.128	510	126
10	255.255.255.192	1022	62
11	255.255.255.224	2046	30
12	255.255.255.240	4094	14
13	255.255.255.248	8190	6
14	255.255.255.252	16382	2

注：表中的“子网号的位数”中没有0,1,15和16这四种情况，因为这没有意义。

在表5-4中，子网数是根据子网号subnet-id计算出来的。若subnet-id有n位，则共有2^n种可能的排列。除去全0和全1这两种情况，就得出表中的子网数。

可以看出，若使用较少位数的子网号，则每一个子网上可连接的主机数就较多。反之，若使用较多位数的子网号，则子网的数目较多但每个子网上可连接的主机数就较少。因此我们可根据网络的具体情况(一共需要划分多少个子网，每个子网中最多有多少个主机)来选择合适的子网掩码。

不难得到这样的结论：划分子网增加了灵活性，但却减少了能够连接在网络上的主机总数。例如，本来一个B类地址最多可连接65534台主机，但表5-4中任意一行的最后两项的乘积一定小于65534。

对A类和C类地址的子网划分也可得出类似的表格。

【例5-1】 已知IP地址是141.14.72.24，子网掩码是255.255.192.0。试求网络地址。

【解】 子网掩码是11111111 11111111 11000000 00000000。掩码的前两个字节都是全1，因此网络地址的前两个字节可写为141.14。子网掩码的第四字节是全0，网络地址的第四字节是0。可见本题仅需对地址中的第三字节进行计算。只要把和子网掩码的第三字节用二进制表示，就可以很容易地得出网络地址(图5-20)。

【例5-2】 在上例中，若子网掩码改为255.255.224.0。试求网络地址，并讨论所得结果。

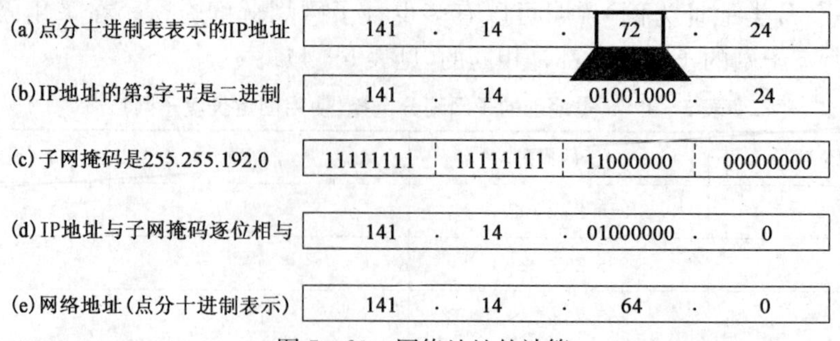

图 5－20　网络地址的计算

【解】 用同样方法,可以得出网络地址是 141.14.64.0,和例 5－1 的结果完全一样(图 5－21)。

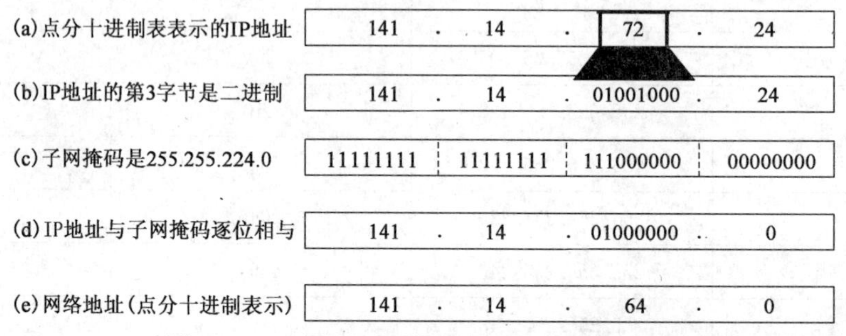

图 5－21　不同的子网掩码得出相同的网络地址

这个例子说明,同样的 IP 地址和不同的子网掩码可以得出相同的网络地址。但是,不同的掩码的效果是不同的。在例 5－1 中,subnet-id是 2 位,host-id 是 14 位。在例 5－2 中,subnet-id是 3 位,host-id 是 13 位。因此这两个例子中可划分的子网数和每一个子网中的最大主机数都是不一样的。

下面介绍使用了子网掩码后应怎样查找路由表。

二、使用子网时分组的转发(与“IP 层转发分组的流程”比较)

在划分子网的情况下,分组转发的算法必须做相应的改动。使用子网划分后,路由表必须包含以下三项内容:目的网络地址、子网掩码和下一跳地址。

在划分子网的情况下,路由器转发分组的算法如下:

(1)从收到的数据报的首部提取目的 IP 地址 D。

(2)先判断是否为直接交付。对路由器直接相连的网络逐个进行检查;用各网络的子网掩码和 D 逐位相“与”(AND 操作),看结果是否和相应的网络地址匹配。若匹配,则把分组进行直接交付(当然还需要把 D 转换成物理地址,把数据报封装成帧发送出去),转发任务结束。否则就是间接交付,执行(3)。

(3)若路由表中有目的地址为 D 的特定主机路由,则把数据报传送给路由表中所指明的下一跳路由器;否则,执行(4)。

(4)对路由表中的每一行(目的网络地址,子网掩码,下一跳地址),用其中的子网掩码和 D 逐位相“与”(AND 操作),其结果为 N。若 N 与该行的目的网络地址匹配,则把数据报传送给该行指明的下一跳路由器；否则，执行(5)。

(5)若路由表中有一个默认路由，则把数据报传送给路由表中所指明的默认路由器；否则，执行(6)。

(6)报告转发分组出错。

【例 5-3】 已知图 5-22 所示的互联网，以及路由器 R_1 中的路由表。现在主机 H_1 向 H_2 发送分组。试讨论 R_1 收到 H_1 向 H_2 发送的分组后查找路由表的过程。

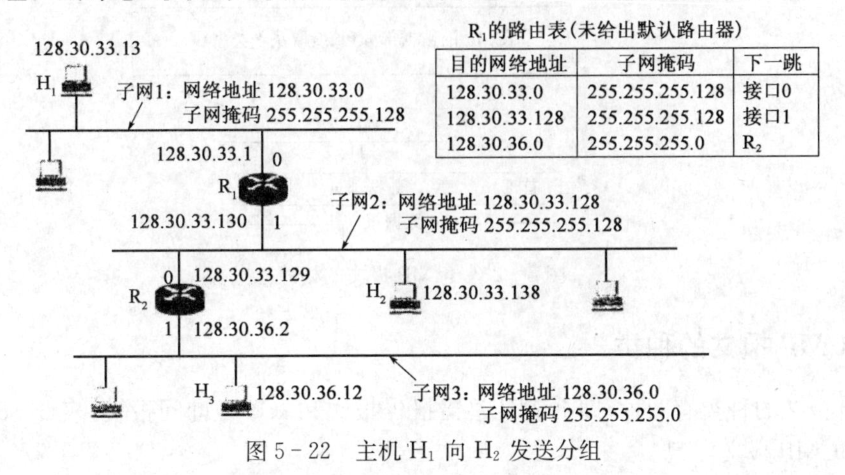

R1的路由表(未给出默认路由器)

目的网络地址	子网掩码	下一跳
128.30.33.0	255.255.255.128	接口0
128.30.33.128	255.255.255.128	接口1
128.30.36.0	255.255.255.0	R_2

图 5-22　主机 H_1 向 H_2 发送分组

【解】 主机 H_1 向 H_2 发送的分组的目的地址是 H_2 的 IP 地址 128.30.33.138。主机 H_1 首先要进行的操作是把本子网的“子网掩码 255.255.255.128”与 H_2 的“IP 地址 128.30.33.138”逐位相“与”，得出 128.30.33.128，它不等于 H_1 的网络地址(128.30.33.0)。这说明 H_2 与 H_1 不在同一个子网上。因此 H_1 不能把分组直接交付给 H_2，而必须交给子网上的默认路由器 R_1，由 R_1 来转发。

路由器 R_1 在收到一个分组后，先找路由表中的第一行，看看这一行的网络地址和收到的分组的网络地址是否匹配。因为并不知道收到的分组的网络地址，因此只能尝试。这就是用这一行(子网 1)的“子网掩码 255.255.255.128”和收到的分组的“目的地址 128.30.33.138”逐位相“与”，得出 128.30.33.128。然后和这一行给出的目的网络地址进行比较。但现在比较的结果是不一致(即不匹配)。

用同样方法继续往下找第二行。用第二行的“子网掩码 255.255.255.128”和该分组的“目的地址 128.30.33.128”逐位相“与”，结果也是 128.30.33.128。但这个结果和第二行的目的网络地址相匹配，说明这个网络(子网 2)就是收到的分组所要寻找的目的网络。于是不需要再找下一个路由器进行间接交付了。R_1 把分组从接口 1 直接交付给主机 H_2(它们都在一个子网上)。

第四节　网际控制报文协议 ICMP

为了更有效地转发 IP 数据报和提高交付成功的机会，在网际层使用了网际控制报文协议(Internet Control Message Protocol，ICMP)。ICMP 允许主机或路由器报告差错情况和提供有关异常情况的报告。ICMP是因特网的标准协议,但ICMP不是高层协议,而是IP层的协议。ICMP报文作为IP层数据报的数据,加上数据报的首部,组成IP数据报发送出去。ICMP报文格式如图5-23所示。

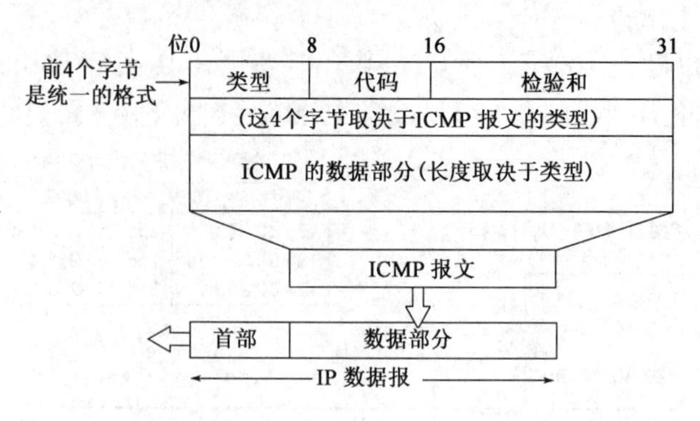

图5-23 ICMP报文的格式

一、ICMP报文的种类

ICMP报文的种类有两种,即ICMP差错报告报文和ICMP询问报文,表5-5给出了几种常用的ICMP报文类型。

表5-5 几种常用的ICMP报文

ICMP报文种类	类型的值	ICMP报文的类型
差错报告报文	3	终点不可达
	4	源点抑制(Source quench)
	11	时间超过
	12	参数问题
	5	改变路由(Redirect)
询问报文	8或0	回送(Echo)请求或回答
	13或14	时间戳(Timestamp)请求或问答

ICMP差错报告报文共有五种,下面对改变路由报文进行简短的解释。我们知道,在因特网的主机中也要有一个路由表。当主机要发送数据报时,首先是查找主机自己的路由表,看应当从哪一个接口把数据报发送出去。在因特网中主机的数量远大于路由器的数量,出于效率的考虑,这些主机不和连接在网络上的路由器定期交换路由信息。在主机刚开始工作时,一般都在路由表中设置一个默认路由器的IP地址。不管数据报要发送到哪个目的地址,都一律先将数据报传送给网络上的这个默认路由器,而这个默认路由器知道到每一个目的网络的最佳路由(通过和其他路由器交换路由信息)。如果默认路由器发现主机发往某个目的地址的数据报的最佳路由不应当经过默认路由器而是应当经过网络上的另一个路由器R时,就用改变路由报文把这情况告诉主机。于是,该主机就在其路由表中增加一个项目:到某某目的地址应经过路由器R(而不是默认路由器)。

常用的ICMP询问报文有两种,即:

(1)回送请求和回答 ICMP 回送请求报文是由主机或路由器向一个特定的目的主机发出的询问。收到此报文的主机必须给源主机或路由器发送 ICMP 回送回答报文。这种询问报文用来测试目的站是否可达以及了解其有关状态。

(2)时间戳请求和回答 ICMP 时间戳请求报文是请某个主机或路由器回答当前的日期和时间。

二、ICMP 的应用举例

1. 分组网间探测 PING

ICMP 的一个重要应用就是分组网间探测(Packet Internet Groper，PING)，用来测试两个主机之间的连通性。PING 使用了 ICMP 回送请求与回送回答报文。PING 是应用层直接使用网络层 ICMP 的一个例子。它没有通过运输层的 TCP 或 UDP。

Windows 操作系统的用户可在接入因特网后转入 MS DOS(点击“开始”，点击“运行”，再键入“cmd”)。看见屏幕上的提示符后，就键入“ping hostname”(这里的 hostname 是要测试连通性的主机名或它的 IP 地址)，按回车键后就可看到结果。

图 5-24 给出了从南京的一台 PC 机到新浪网的邮件服务器 mail. sina. com. cn 的连通性的测试结果。PC 机一连发出四个 ICMP 回送请求报文。如果邮件服务器 mail. sina. com. cn 正常工作而且响应这个 ICMP 回送请求报文(有的主机为了防止恶意攻击就不理睬外界发送过来的这种报文)，那么它就发回 ICMP 回送回答报文。由于往返的 ICMP 报文上都有时间戳，因此很容易得出往返时间。最后显示出的是统计结果：发送到哪个机器(IP 地址)，发送的、收到的和丢失的分组数(但不给出分组丢失的原因)。往返时间的最小值、最大值和平均值。从得到的结果可以看出，第三个测试分组丢失了。

```
C:\Documents and Settings\XXR>ping mail.sina.com.cn

Pinging mail.sina.com.cn [202.108.43.230] with 32 bytes of data:

Reply from 202.108.43.230: bytes=32 time=368ms TTL=242
Reply from 202.108.43.230: bytes=32 time=374ms TTL=242
Request timed out.
Reply from 202.108.43.230: bytes=32 time=374ms TTL=242

Ping statistics for 202.108.43.230:
    Packets: Sent = 4, Received = 3, Lost = 1 (25% loss),
Approximate round trip times in milli-seconds:
    Minimum = 368ms, Maximum = 374ms, Average = 372ms
```

图 5-24　用 PING 测试主机的连通性

2. Traceroute/Tracert

另一个非常有用的应用是 Traceroute，它用来跟踪一个分组从源点到终点的路径。在 Windows 操作系统中这个命令是 Tracert。下面简单介绍这个程序的工作原理。

Tracert 从源主机向目的主机发送一连串的 IP 数据报，数据报中封装的是无法交付的 UDP 用户数据报。第一个数据报 P_1 的生存时间 TTL 设置为 1。当 P_1 到达路径上的第一个路由器 R_1 时，路由器 R_1 先收下它，接着把 TTL 的值减 1。由于 TTL 等于零，R_1 就把 P_1 丢弃了，并向源主机发送一个 ICMP 时间超过差错报告报文。

源主机接着发送第二个数据报 P_2，并把 TTL 设置为 2。P_2 先到达路由器 R_1，R_1 收下后把 TTL 减 1 再转发给路由器 R_2。R_2 收到 P_2 时 TTL 为 1，但减 1 后 TTL 变为零了，R_2 就丢弃 P_2，并向源主机发送一个 ICMP 时间超过差错报告报文。这样一直继续下去。当最后一个数据报刚刚到达目的主机时，数据报的 TTL 是 1。主机不转发数据报，也不把 TTL 值减 1。但因 IP 数据报中封装的是无法交付的运输层的 UDP 用户数据报，因此目的主机要向源主机发送“ICMP 终点不可达”差错报告报文。这样，源主机达到了自己的目的，因为这些路由器和最后目的主机发来的 ICMP 报文正好给出了源主机想知道的路由信息—到达目的主机所经过的路由器的 IP 地址，以及到达其中的每一个路由器的往返时间。图 5－25 是从南京的一个 PC 机向新浪网的邮件服务器 mail. sina. com. cn 发出的 Tracert 命令后所获得的结果。图中每一行有三个时间出现，是因为对应于每一个 TTL 值，源主机要发送三次同样的 IP 数据报。

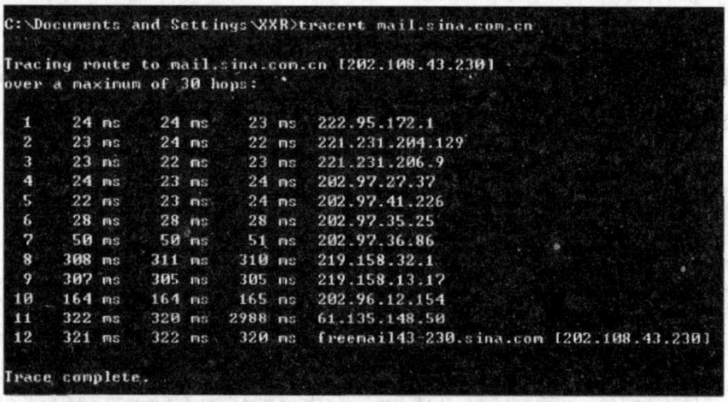

```
C:\Documents and Settings\XXR>tracert mail.sina.com.cn

Tracing route to mail.sina.com.cn [202.108.43.230]
over a maximum of 30 hops:

  1    24 ms    24 ms    23 ms  222.95.172.1
  2    23 ms    24 ms    22 ms  221.231.204.129
  3    23 ms    22 ms    23 ms  221.231.206.9
  4    24 ms    23 ms    24 ms  202.97.27.37
  5    22 ms    23 ms    24 ms  202.97.41.226
  6    28 ms    28 ms    28 ms  202.97.35.25
  7    50 ms    50 ms    51 ms  202.97.36.86
  8   308 ms   311 ms   310 ms  219.158.32.1
  9   307 ms   305 ms   305 ms  219.158.13.17
 10   164 ms   164 ms   165 ms  202.96.12.154
 11   322 ms   320 ms  2988 ms  61.135.148.50
 12   321 ms   322 ms   320 ms  freemail43-230.sina.com [202.108.43.230]

Trace complete.
```

图 5－25　用 Tracert 命令获得到的目的主机的路由信息

必须注意，从原则上讲，IP 数据报经过的路由器越多，所花费的时间也会越多，但从图 5－25可看出，有时正好相反。这是因为因特网的拥塞程度随时都在变化，也很难预料到。因此，完全有这样的可能：经过更多的路由器反而花费更少的时间。

第五节　因特网的路由选择协议

本节将讨论几种常见的路由选择协议，也就是要讨论路由表中的路由是怎样得出的。

一、有关路由选择协议的几个基本概念

1. 路由选择协议类型

路由选择协议的核心就是路由算法，即需要何种算法来获得路由表中的各项目。路由选择是个非常复杂的问题，因为它是网络中的所有结点共同协调工作的结果。其次，路由选择的环境往往是不断变化的，而这种变化有时无法事先获知，例如，网络中出了某些故障。此外，当网络发生拥塞时，就特别需要有能缓解这种拥塞的路由选择策略，但恰好在这种条件下，很难从网络中的各结点获得所需的路由选择信息。

倘若从路由算法能否随网络的通信量或拓扑自适应地进行调整变化来划分，则只有两大

类,即静态路由选择策略与动态路由选择策略。静态路由选择也叫非自适应路由选择,其特点是简单和开销较小,但不能及时适应网络状态的变化。对于很简单的小网络,完全可以采用静态路由选择,用人工配置每一条路由。动态路由选择也叫自适应路由选择,其特点是能较好地适应网络状态的变化,但实现起来较为复杂,开销也比较大。因此,动态路由选择适用于较复杂的大网络。

2. 分层次的路由选择协议

因特网采用的路由选择协议主要是自适应的(即动态的)、分布式路由选择协议,即分层次的路由选择协议。

(1)因特网的规模非常大,现在就已经有几百万个路由器互联在一起。如果让所有的路由器知道所有的网络应怎样到达,则这种路由表将非常大,处理起来也太花时间。而所有这些路由器之间交换路由信息所需的带宽就会使因特网的通信链路饱和。

(2)许多单位不愿意外界了解自己单位网络的布局细节和本部门所采用的路由选择协议,但同时还希望连接到因特网上。

为此,因特网将整个互联网划分为许多较小的自治系统,一般都记为 AS。自治系统 AS 的经典定义是在单一的技术管理下的一组路由器,而这些路由器使用一种 AS 内部的路由选择协议和共同的度量以确定分组在该 AS 内的路由,同时还使用一种 AS 之间的路由选择协议用以确定分组在 AS 之间的路由。

在目前的因特网中,一个大的 ISP 就是一个自治系统。这样,因特网就把路由选择协议划分为两大类,即:

(1)内部网关协议(Interior Gateway Protocol,IGP)即在一个自治系统内部使用的路由选择协议,而这与在互联网中的其他自治系统选用什么路由选择协议无关。目前这类路由选择协议使用得最多,如 RIP 和 OSPF 协议。

(2)外部网关协议(External Gateway Protocol,EGP)若源主机和目的主机处在不同的自治系统中(这两个自治系统可能使用不同的内部网关协议),当数据报传到一个自治系统的边界时,就需要使用一种协议将路由选择信息传递到另一个自治系统中。这样的协议就是外部网关协议 EGP。目前使用最多的外部网关协议是 BGP 的版本 4(BGP-4)。

自治系统之间的路由选择也叫域间路由选择,而在自治系统内部的路由选择叫域内路由选择。

图 5-26 是两个自治系统互联的示意图。每个自治系统自己决定在本自治系统内部运行哪一个内部路由选择协议(例如,可以是 RIP,也可以是 OSPF)。但每个自治系统都有一个或多个路由器(图中的路由器 R_1 和 R_2)除运行本系统的内部路由选择协议外,还要运行自治系统间的路由选择协议(BGP-4)。

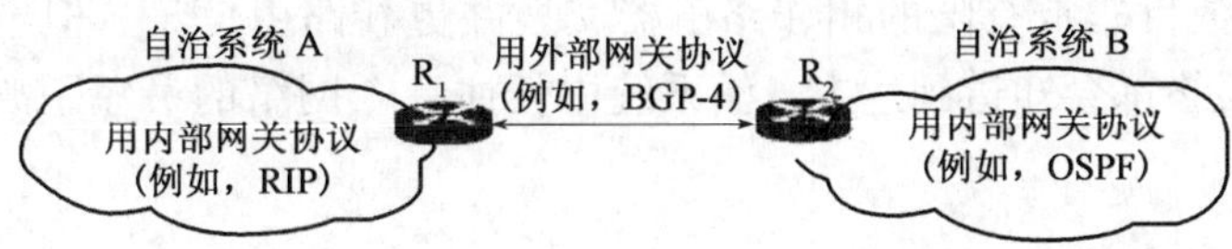

图 5-26　自治系统和内部网关协议、外部网关协议

总之,使用分层次的路由选择方法,可将因特网的路由选择协议划分为:

①内部网关协议 IGP,具体的协议有多种,如 RIP 和 OSPF 等。

②外部网关协议 EGP,目前使用的协议是 BGP。

二、内部网关协议 RIP

1. 工作原理

路由信息协议(Routing Information Protocol,RIP)是内部网关协议 IGP 中最先得到广泛应用的协议。RIP 是一种分布式的基于距离向量的路由选择协议,是因特网的标准协议,其最大优点就是简单。

1)距离(跳数)

RIP 协议要求网络中的每一个路由器都要维护从它自己到其他每一个目的网络的距离记录(这是一组距离,即"距离向量")。RIP 协议将"距离"定义如下:

从一路由器到直接连接的网络的距离定义为 1。从一路由器到非直接连接的网络的距离定义为所经过的路由器数加 1。例如在前面讲过的图 5-15 中,路由器 R_1 到网 1 或网 2 的距离都是 1(直接连接),而到网 3 的距离是 2,到网 4 的距离是 3。

RIP 协议的"距离"也称为"跳数"(hop count),因为每经过一个路由器,跳数就加 1。RIP 认为好的路由就是它通过的路由器的数目少,即"距离短"。RIP 允许一条路径最多只能包含 15 个路由器。因此"距离"等于 16 时即相当于不可达。可见 RIP 只适用于小型互联网。

RIP 不能在两个网络之间同时使用多条路由。RIP 只选择一条具有最少路由器的路由(即最短路由),哪怕还存在另一条高速(低时延)但路由器较多的路由。

RIP 协议和 OSPF 协议,都是分布式路由选择协议。它们的共同特点就是每一个路由器都要不断地和其他一些路由器交换路由信息。具体讲有三个要点,即和哪些路由器交换信息?交换什么信息?在什么时候交换信息?

2)RIP 协议的特点

(1)仅和相邻路由器交换信息。如果两个路由器之间的通信不需要经过另一个路由器,那么这两个路由器就是相邻的。RIP 协议规定,不相邻的路由器不交换信息。

(2)路由器交换的信息是当前本路由器所知道的全部信息,即自己的路由表。

(3)按固定的时间间隔交换路由信息,例如,每隔 30s。然后路由器根据收到的路由信息更新路由表。当网络拓扑发生变化时,路由器也及时向相邻路由器通告拓扑变化后的路由信息。

3)路由表的建立

路由器在刚刚开始工作时,只知道到直接连接的网络的距离(此距离定义为 1)。接着,每一个路由器也只和数目非常有限的相邻路由器交换并更新路由信息。但经过若干次的更新后,所有的路由器最终都会知道到达本自治系统中任何一个网络的最短距离和下一跳路由器的地址。

2. RIP 协议的报文格式

新版 RIP 是 1998 年 11 月公布的 RIP2,RIP2 可以支持变长子网掩码和 CIDR。此外,

RIP2 还提供简单的鉴别过程支持多播。

图 5－27 是 RIP2 的报文格式，它和 RIP1 的首部相同，但后面的路由部分不一样。从图 5－27还可看出，RIP 协议使用运输层的用户数据报 UDP 进行传送(使用 UDP 的端口 520)。

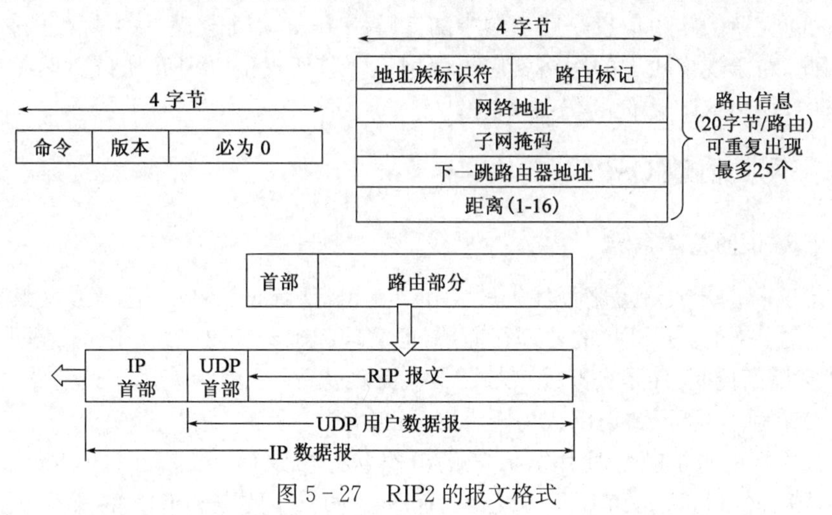

图 5－27　RIP2 的报文格式

RIP 报文由首部和路由部分组成。

1)首部

RIP 的首部占 4 个字节，其中的命令字段指出报文的意义。例如，1 表示请求路由信息，2 表示对请求路由信息的响应或未被请求而发出的路由更新报文。首部后面的"必为 0"是为了 4 字节字的对齐。

2)路由部分

RIP2 报文中的路由部分由若干个路由信息组成。每个路由信息需要用 20 个字节。

(1)地址族标识符(又称为地址类别)字段用来标志所使用的地址协议。如采用 IP 地址就令这个字段的值为 2。

(2)路由标记填入自治系统号(Autonomous System Number，ASN)，这是考虑使 RIP 有可能收到本自治系统以外的路由选择信息。

(3)再后面指出某个网络地址、该网络的子网掩码、下一跳路由器地址以及到此网络的距离。一个 RIP 报文最多可包括 25 个路由，因而 RIP 报文的最大长度是 4＋20×25＝504 字节。如超过，必须再用一个 RIP 报文来传送。

3. RIP2 的鉴别功能

RIP2 还具有简单的鉴别功能。若使用鉴别功能，则将原来写入第一个路由信息(20 字节)的位置用作鉴别。这时应将地址族标识符置为全 1(即 0xFFFF)，而路由标记写入鉴别类型，剩余的 16 字节为鉴别数据。在鉴别数据之后才写入路由信息，但这时最多只能再放入 24 个路由信息。

4. RIP 的优缺点

(1)优点：RIP 协议最大的优点就是实现简单，开销较小。

(2)缺点:RIP存在的一个问题是当网络出现故障时,要经过比较长的时间(例如数分钟)才能将此信息传送到所有的路由器(但如果一个路由器发现了更短的路由,那么这种更新信息就传播得很快);其次,RIP限制了网络的规模,它能使用的最大距离为15(16表示不可达);第三,路由器之间交换的路由信息是路由器中的完整路由表,因而随着网络规模的扩大,开销也就增加。因此,对于规模较大的网络就应当使用下一节所述的OSPF协议。然而目前在规模较小的网络中,使用RIP协议的仍占多数。

三、内部网关协议OSPF

1. OSPF协议的基本特点

OSPF协议就是开放最短路径优先(Open Shortest Path First)。它是为克服RIP的缺点在1989年开发出来的。OSPF的原理很简单,但实现起来却较复杂。“开放”表明OSPF协议不是受某一家厂商控制,而是公开发表的;“最短路径优先”是因为使用了最短路径算法SPF。OSPF的第二个版本OSPF2现已成为因特网标准协议。

OSPF最主要的特征就是使用分布式的链路状态协议(Link State Protocol),而不是像RIP那样的距离向量协议。和RIP协议相比,OSPF的三个要点和RIP的都不一样。

(1)向本自治系统中所有路由器发送信息。这里使用的方法是洪泛法(flooding),就是路由器通过所有输出端口向所有相邻的路由器发送信息。而每一个相邻路由器又再将此信息发往其所有的相邻路由器(但不再发送给刚刚发来信息的那个路由器)。这样,最终整个区域中所有的路由器都得到了这个信息的一个副本。而RIP协议是仅仅向自己相邻的几个路由器发送信息。

(2)发送的信息就是与本路由器相邻的所有路由器的链路状态,但这只是路由器所知道的部分信息。所谓“链路状态”就是说明本路由器都和哪些路由器相邻,以及该链路的“度量”。而对于RIP协议,发送的信息是“到所有网络的距离和下一跳路由器”。

(3)只有当链路状态发生变化时,路由器才使用洪泛法向所有路由器发送此信息。而不像RIP那样,不管网络拓扑有无发生变化,路由器之间都要定期交换路由表的信息。

从上述的三个方面可以看出,OSPF和RIP的工作原理相差较大:

由于各路由器之间频繁地交换链路状态信息,因此所有的路由器最终都能建立一个链路状态数据库(link-state database),这个数据库实际上就是全网的拓扑结构图。这个拓扑结构图在全网范围内是一致的(这称为链路状态数据库的同步)。因此,每一个路由器都知道全网共有多少个路由器,以及哪些路由器是相连的。每一个路由器使用链路状态数据库中的数据,构造出自己的路由表。而RIP协议的每一个路由器虽然知道到所有的网络的距离以及下一跳路由器,但却不知道全网的拓扑结构(只有到了下一跳路由器,才能知道在下一跳应当怎样走)。

OSPF的链路状态数据库能较快地进行更新,使各个路由器能及时更新其路由表。OSPF的更新过程很快是其重要优点。

为了使OSPF能够用于规模很大的网络,OSPF将一个自治系统划分为若干个更小的范围,称为区域。图5-28就表示一个自治系统划分为四个区域。每一个区域都有一个32位的区域标识符(用点分十进制表示)。当然,一个区域也不能太大,在一个区域内的路由器最好不超过200个。

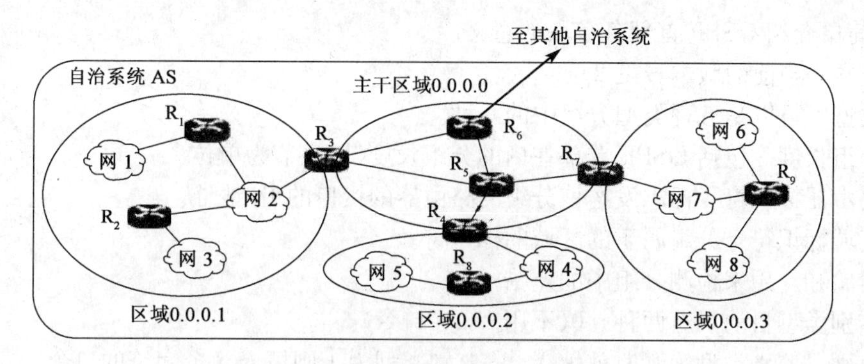

图 5－28　OSPF 划分为四个不同的区域

在一个区域内部的路由器只知道本区域的完整网络拓扑，而不知道其他区域的网络拓扑的情况。为了使每一个区域能够和本区域以外的区域进行通信，OSPF 使用层次结构的区域划分。在上层的区域叫作主干区域。主干区域的标识符规定为 0.0.0.0。主干区域的作用是用来连通其他在下层的区域。从其他区域传来的信息都由区域边界路由器进行概括。在图 5－28 中，路由器 R_3，R_4 和 R_7 都是区域边界路由器，而显然，每一个区域至少应当有一个区域边界路由器。在主干区域内的路由器叫主干路由器，如 R_3，R_4，R_5，R_6 和 R_7。一个主干路由器可以同时是区域边界路由器，如 R_3，R_4 和 R_7。在主干区域内还要有一个路由器专门和本自治系统外的其他自治系统交换路由信息，这样的路由器叫作自治系统边界路由器（如图中的 R_6）。

采用分层次划分区域的方法虽然使交换信息的种类增多了，同时也使 OSPF 协议更加复杂了。但这样做却能使每一个区域内部交换路由信息的通信量大大减小，因而使 OSPF 协议能够用于规模很大的自治系统中。这里，我们再一次地看到划分层次在网络设计中的重要性。

2. OSPF 报文格式

OSPF 不用 UDP 而是直接用 IP 数据报传送（其 IP 数据报首部的协议字段值为 89）。OSPF 构成的数据报很短，这样做可减少路由信息的通信量。

OSPF 分组使用 24 字节的固定长度首部（见图 5－29），分组的数据部分可以是五种类型分组中的一种。

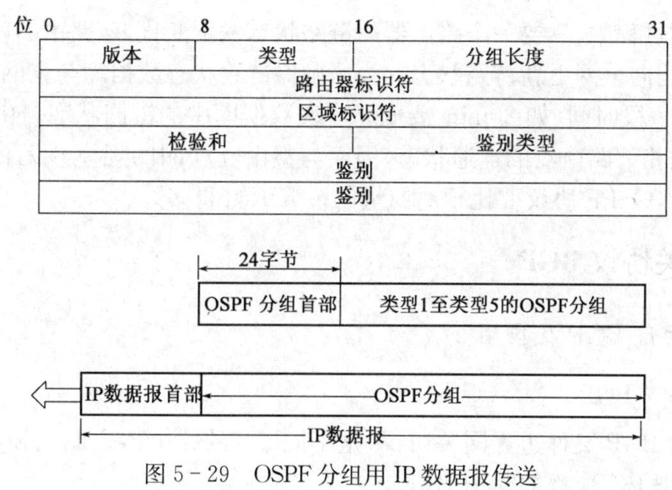

图 5－29　OSPF 分组用 IP 数据报传送

下面简单介绍OSPF首部各字段的意义。

(1)版本　当前的版本号是2。

(2)类型　可以是五种类型分组中的一种。

(3)分组长度　包括OSPF首部在内的分组长度,以字节为单位。

(4)路由器标识符　标志发送该分组的路由器的接口的IP地址。

(5)区域标识符　分组属于的区域的标识符。

(6)检验和　用来检测分组中的差错。

(7)鉴别类型目前只有两种。0(不用)和1(口令)。

(8)鉴别　鉴别类型为0时就填入0。鉴别类型为1则填入8个字符的口令。

3. OSPF分组数据的五种类型

OSPF共有以下五种分组类型:

(1)类型1,问候(Hello)分组,用来发现和维持邻站的可达性。

(2)类型2,数据库描述(Database Description)分组,向邻站给出自己的链路状态数据库中的所有链路状态项目的摘要信息。

(3)类型3,链路状态请求(Link State Request)分组,向对方请求发送某些链路状态项目的详细信息。

(4)类型4,链路状态更新(Link State UPdate)分组,用洪泛法对全网更新链路状态。这种分组是最复杂的,也是OSPF协议最核心的部分。路由器使用这种分组将其链路状态通知给邻站。链路状态更新分组共有五种不同的链路状态,这里从略。

(5)类型5,链路状态确认(Link State Acknowledgment)分组,对链路更新分组的确认。

OSPF规定,每两个相邻路由器每隔10s要交换一次问候分组。这样就能确知哪些邻站是可达的。在正常情况下,网络中传送的绝大多数OSPF分组都是问候分组。若有40s没有收到某个相邻路由器发来的问候分组,则可认为该相邻路由器是不可达的,应立即修改链路状态数据库,并重新计算路由表。

其他的四种分组都是用来进行链路状态数据库的同步。所谓同步就是指不同路由器的链路状态数据库的内容是一样的。

在网络运行的过程中,只要一个路由器的链路状态发生变化,该路由器就要使用链路状态更新分组,用洪泛法向全网更新链路状态。为了确保链路状态数据库与全网的状态保持一致,OSPF还规定每隔一段时间,如30min,要刷新一次数据库中的链路状态。由于一个路由器的链路状态只涉及与相邻路由器的连通状态,因而与整个互联网的规模并无直接关系。因此当互联网规模很大时,OSPF协议要比距离向量协议RIP好得多。

四、外部网关协议BGP

1. 外部网关协议BGP及应用

1)外部网关协议BGP

外部网关协议BGP又称边界网关协议,是不同AS的路由器之间交换路由信息的协议。为简单起见,后面把BGP4都简写为BGP。

2)外部网关协议的 BGP 的应用

使用边界网关协议 BGP 的目的是力求寻找一条路由,能够到达不同 AS 中的目的网络且较好(不能兜圈子),而并非要寻找一条最佳路由。BGP 采用了路径向量(Path vedor)路由选择协议,它与距离向量协议和链路状态协议都有很大的区别。

在配置 BGP 时,每一个 AS 的管理员要选择至少一个路由器作为该 AS 的"BGP 发言人"。一般说来,两个 BGP 发言人都是通过一个共享网络连接在一起的,而 BGP 发言人往往就是 BGP 边界路由器,但也可以不是 BGP 边界路由器。

一个 BGP 发言人与其他 AS 的 BGP 发言人要交换路由信息,就要先建立 TCP 连接(端口号为 179),然后在此连接上交换 BGP 报文以建立 BGP 会话,利用 BGP 会话交换路由信息,如增加了新的路由,或撤销过时的路由,以及报告出差错的情况等。

图 5-30 表示 BGP 发言人和 AS 关系的示意图。在图中画出了三个 AS 中的五个 BGP 发言人。每一个 BGP 发言人除了必须运行 BGP 协议外,还必须运行该 AS 所使用的内部网关协议,如 OSPF 或 RIP。

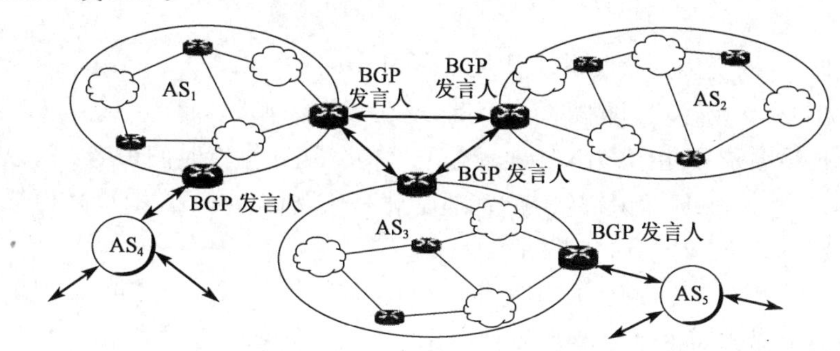

图 5-30　BGP 发言人和 AS 的关系

BGP 所交换的网络可达性的信息就是要到达某个网络(用网络前缀表示)所要经过的一系列 AS。当 BGP 发言人互相交换了网络可达性的信息后,各 BGP 发言人就根据所采用的策略从收到的路由信息中找出到达各 AS 的较好路由。

在 BGP 刚刚运行时,BGP 的邻站是交换整个的 BGP 路由表。但以后只需要在发生变化时更新有变化的部分。这样做对节省网络带宽和减少路由器的处理开销方面都有好处。

2. 外部网关协议 BGP 的报文类型及报文格式

1)报文类型

在 RFC4271 中规定了 BGP-4 的四种报文:

(1)OPEN(打开)报文,用来与相邻的另一个 BGP 发言人建立关系,使通信初始化。

(2)UPDATE(更新)报文,用来通告某一路由的信息,以及列出要撤销的多条路由。

(3)KEEPALIVE(保活)报文,用来周期性地证实邻站的连通性。

(4)NOTIFICATION(通知)报文,用来发送检测到的差错。

在 RFC2918 中增加了 ROUTE-REFRESH 报文,用来请求对等端重新通告。

2)BGP 报文格式

(1)首部,BGP 报文由首部和报文主体组成,图 5-31 给出了 BGP 报文的格式。四种类型的 BGP 报文具有同样的通用首部，其长度为 19 字节。通用首部分为三个字段：标记字段为 16 字节长，用来鉴别收到的 BGP 报文，当不使用鉴别时，标记字段要置为全 1；长度字段指出包括通用首部在内的整个 BGP 报文以字节为单位的长度，最小值是 19，最大值是 4096；类型字段的值为 1 到 4，分别对应于上述四种 BGP 报文中的一种。

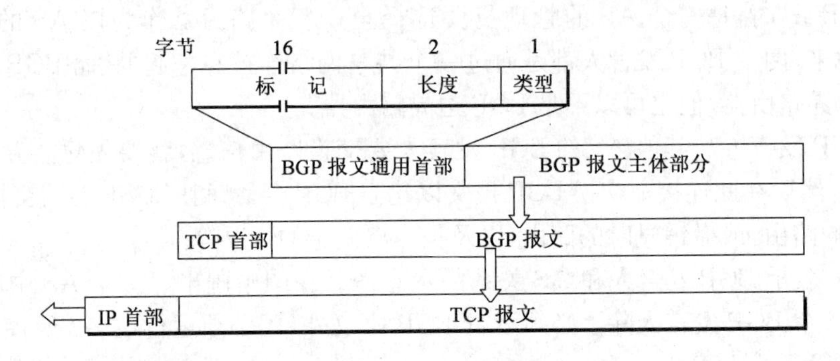

图 5-31 BGP 报文具有通用的首部

(2)报文主体，不同类型的报文其主体长度不同。

OPEN 报文共有 6 个字段，即版本(1 字节，现在的值是 4)、本自治系统号(2 字节，使用全球唯一的 16 位自治系统号，由 ICANN 地区登记机构分配)、保持时间(2 字节，以秒计算的保持为邻站关系的时间)、BGP 标识符(4 字节，通常就是该路由器的 IP 地址)、可选参数长度(1 字节)和可选参数。

UPDATE 报文共有 5 个字段，即不可行路由长度(2 字节，指明下一个字段的长度)、撤销的路由(列出所有要撤销的路由)、路径属性总长度(2 字节，指明下一个字段的长度)、路径属性(定义在这个报文中增加的路径的属性)和网络层可达性信息 NLRI。最后这个字段定义发出此报文的网络，包括网络前缀的位数、IP 地址前缀。

KEEPALIVE 报文只有 BGP 的 19 字节长的通用首部。

NOTIFICATION 报文有 3 个字段，即差错代码(1 字节)、差错子代码(1 字节)和差错数据(给出有关差错的诊断信息)。

RFC2918 定义的 ROUTE-REFRESH 报文只有 4 字节长，不采用图 5-31 所示的 BGP 报文格式。

五、路由器的构成

1. 路由器的结构

路由器是一种具有多个输入端口和多个输出端口的专用计算机，其任务是转发分组。从路由器某个输入端口收到的分组，按照分组要去的目的地(即目的网络)，把该分组从路由器的某个合适的输出端口转发给下一跳路由器。下一跳路由器也按照这种方法处理分组，直到该分组到达终点为止。路由器的转发分组正是网络层的主要工作。图 5-32 给出了一种典型的路由器的结构图。

从图 5-32 可以看出，整个的路由器结构可划分为路由选择部分和分组转发部分。

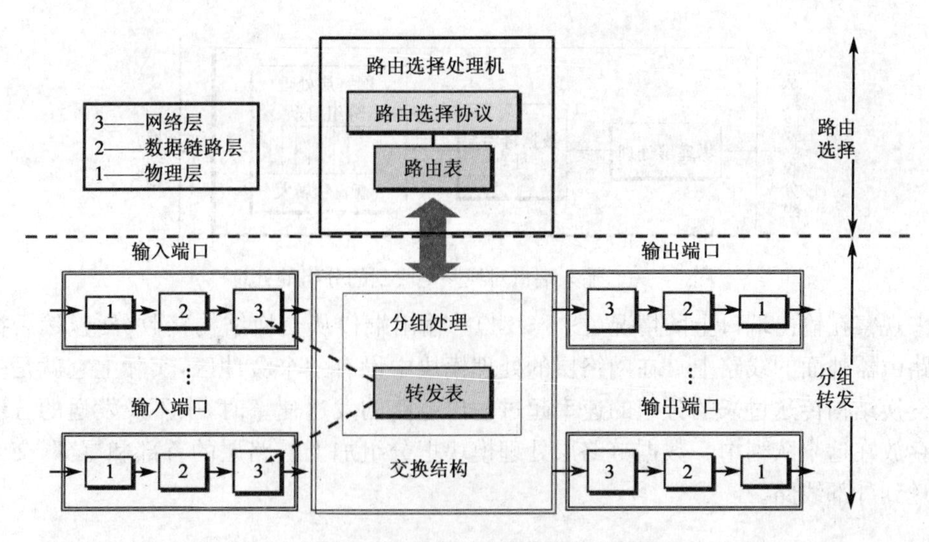

图 5-32 典型的路由器结构

1)路由选择部分

也叫控制部分,其核心构件是路由选择处理机。路由选择处理机的任务是根据所选定的路由选择协议构造出路由表,同时经常或定期地和相邻路由器交换路由信息而不断地更新和维护路由表。

2)分组转发部分

它由三部分组成:交换结构、一组输入端口和一组输出端口(这里的端口就是硬件接口)。下面分别讨论每一部分的组成。

交换结构(switching fabric)又称为交换组织,它的作用就是根据转发表对分组进行处理,将某个输入端口进入的分组从一个合适的输出端口转发出去。交换结构本身就是一种网络,但这种网络完全包含在路由器之中,因此交换结构可看成是"在路由器中的网络"。

在图 5-32 中,路由器的输入和输出端口里面都各有三个方框,用方框中的 1、2 和 3 分别代表物理层、数据链路层和网络层的处理模块。物理层进行比特的接收。数据链路层则按照链路层协议接收传送分组的帧。再把帧的首部和尾部剥去后,分组就被送入网络层的处理模块。若接收到的分组是路由器之间交换路由信息的分组(如 RIP 或 OSPF 分组等),则把这种分组送交路由器的路由选择处理机。若接收到的是数据分组,则按照分组首部中的目的地址查找转发表,根据得出的结果,分组就经过交换结构到达合适的输出端口。路由器的输入端口和输出端口设置在路由器的线路接口卡上。

在路由器的交换功能中输入端口中的查找和转发功能是最重要的。为了使交换功能分散化,往往把复制的转发表放在每一个输入端口中(如图 5-32 中的虚线箭头所示)。路由选择处理机负责对各转发表的副本进行更新。分散化交换可以避免在路由器中的某一点上出现瓶颈。

路由器必须以很高的速率转发分组。最理想的情况是输入端口的处理速率能够跟上线路把分组传送到路由器的速率(称为线速),否则当一个分组正在查找转发表时,后面又紧跟着从这个输入端口收到另一个分组,这个后到的分组就必须在队列中排队等待,因而产生了一定的时延。图 5-33 给出了在输入端口的队列中分组排队的示意图。

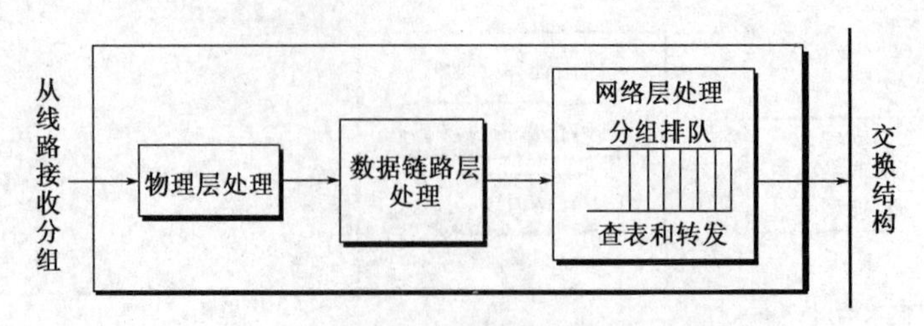

图 5-33　输入端口对线路上收到的分组的处理

再来观察在输出端口上的情况(图 5-34)。输出端口从交换结构接收分组,然后把它们发送到路由器外面的线路上。在网络层的处理模块中设有一个缓冲区,实际上它就是一个队列。当交换结构传送过来的分组的速率超过输出链路的发送速率时,来不及发送的分组就必须暂时存放在这个队列中。数据链路层处理模块把分组加上链路层的首部和尾部,交给物理层后发送到外部线路。

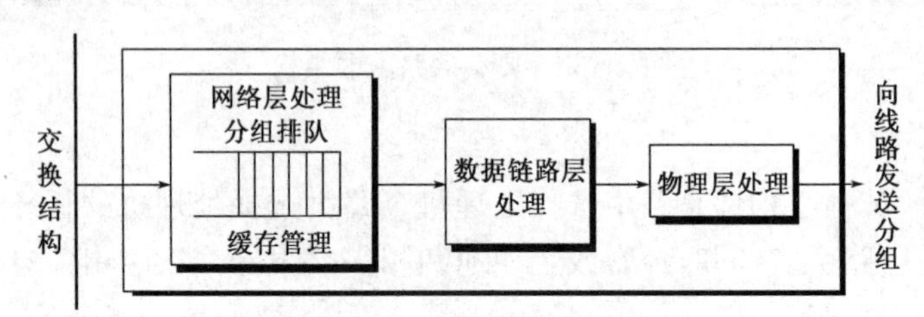

图 5-34　输出端口把交换结构传送过来的分组发送到线路上

从以上的讨论可以看出,分组在路由器的输入端口和输出端口都可能会在队列中排队等候处理。若分组处理的速率赶不上分组进入队列的速率,则队列的存储空间最终必定减少到零,这就使后面再进入队列的分组由于没有存储空间而只能被丢弃。我们称之为"分组丢失"。当然,设备或线路出故障也可能使分组丢失。

2.交换结构的分组交换方法

交换结构是路由器的关键构件,正是这个交换结构将分组从一个输入端口转移到某个合适的输出端口。实现这样的交换有多种方法,图 5-35 给出了三种常用的交换方法。这三种方法都是将输入端口 I_1 收到的分组转发到输出端口 O_2。下面简单介绍它们的特点。

1)通过共享存储器交换

图 5-35(a)是通过存储器进行交换的示意图。与早期的路由器的区别就是,目的地址的查找和分组在存储器中的缓存都是在输入端口中进行的。cisco 公司的 Catalyst8500 系列交换机和 BayNetwork 公司的 Accelar1200 系列路由器就采用了共享存储器的方法。

2)通过总线交换

图 5-35(b)是通过总线进行交换的示意图。采用这种方式时,数据报从输入端口通过共享的总线直接传送到合适的输出端口,而不需要路由选择处理机的干预。cisco 公司的 Catalyst1900 系列交换机就使用了总线交换且带宽达到 1Gb/s。

3)通过互联网络交换

图 5-35(c)是通过纵横交换结构进行交换的示意图。这种交换机构常称为互联网络,它

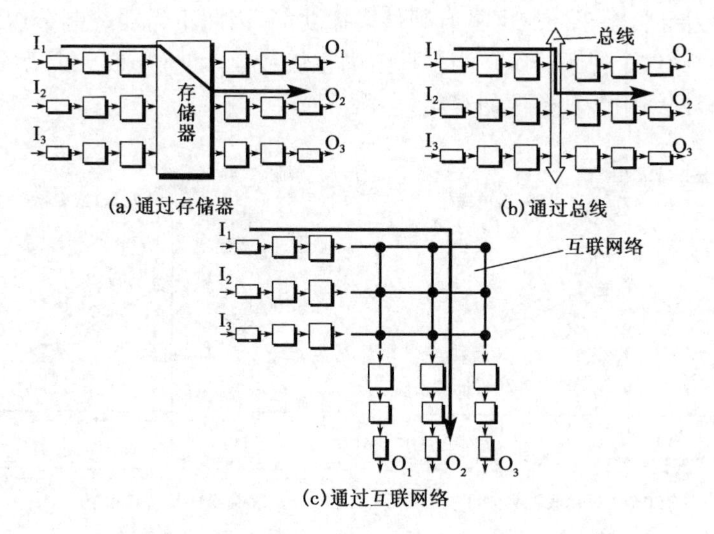

图 5-35　三种常用的交换方法

有 2N 条总线，可以使 N 个输入端口和 N 个输出端口相连接，这取决于相应的交叉结点是使水平总线和垂直总线接通还是断开。当输入端口收到一个分组时，就将它发送到与该输入端口相连的水平总线上。若通向所要转发的输出端口的垂直总线是空闲的，则在这个结点将垂直总线与水平总线接通，然后将该分组转发到这个输出端口。但若该垂直总线已被占用(有另一个分组正在转发到同一个输出端口)，则后到达的分组就被阻塞，必须在输入端口排队。采用这种交换方式的路由器例子是 cisco 公司的 1200 系列交换路由器，它使用的互联网络的带宽达 60Gb/s。

第六节　IP 多播

一、IP 多播的基本概念

1. IP 多播

由于许多的应用需要由一个源点发送到许多个终点，即一对多的通信，现在 IP 多播已成为因特网的一个热门课题。例如，实时信息的交付(如新闻、股市行情等)，软件更新，交互式会议等。随着因特网的用户数目的急剧增加，以及多媒体通信的开展，有更多的业务需要多播来支持。

在因特网上进行多播就称为 IP 多播。IP 多播所传送的分组需要使用多播 IP 地址。与单播相比，在一对多的通信中，多播可大大节约网络资源。图 5-36(a)是视频服务器用单播方式向 90 个主机传送同样的视频节目。为此，需要发送 90 个单播，即同一个视频分组要发送 90 个副本。图 5-36(b)是视频服务器用多播方式向属于同一个多播组的 90 个成员传送节目。这时，视频服务器只需把视频分组当多播数据报来发送，并且只需发送一次。路由器 R_1 在转发分组时，需要把收到的分组复制成 3 个副本，分别向 R_2、R_3 和 R_4 各转发 1 个副本。当分组到达目的局域网时，由于局域网具有硬件多播功能，因此不需要复制分组，在局域网上的多播组成员都能收到这个视频分组。当多播组的主机数很大时(如成千上万个)，采用多播方式就可明显地减轻网络中各种资源的消耗。

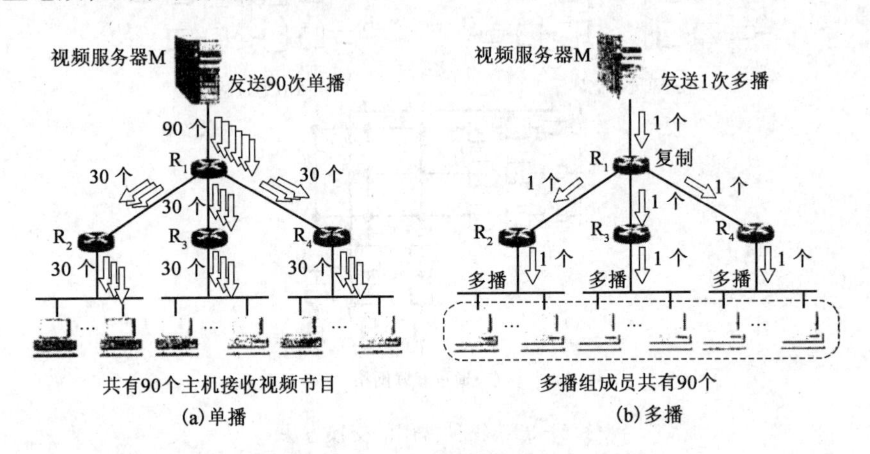

图 5-36 单播与多播的比较

2. 多播路由器

在因特网范围的多播要依靠路由器来实现，这些路由器必须增加一些能够识别多播数据报的软件。能够运行多播协议的路由器称为多播路由器。多播路由器当然也可以转发普通的单播 IP 数据报。

1)IP 多播地址

我们知道，在因特网中每一个主机必须有一个全球唯一的 IP 地址。如果某个主机现在想接收某个特定多播组的分组，那么怎样才能使这个多播数据报传送到这个主机？显然，这个多播数据报的目的地址一定不能写入这个主机的 IP 地址。这是因为在同一时间可能有成千上万个主机加入到同一个多播组。多播数据报不可能在其首部写入这样多的主机的 IP 地址。在多播数据报的目的地址写入的是多播组的标识符，然后设法将加入到这个多播组的主机的 IP 地址与多播组的标识符关联。

其实多播组的标识符就是 IP 地址中的 D 类地址。D 类 IP 地址的前四位是 1110，因此 D 类地址范围是 224.0.0.0 到 239.255.255.255。我们就用每一个 D 类地址标志一个多播组。这样，D 类地址共可标志 228 个多播组。多播数据报也是“尽最大努力交付”，不保证一定能够交付给多播组内的所有成员。因此，多播数据报和一般的 IP 数据报的区别就是它使用 D 类 IP 地址作为目的地址，并且首部中的协议字段值是 2，表明使用 IGMP 协议。

显然，多播地址只能用于目的地址，而不能用于源地址。此外，对多播数据报不产生 ICMP差错报文。因此，若在 PING 命令后面键入多播地址，将永远不会收到响应。

D 类地址中有一些是不能随意使用的，因为有的地址已经被 IANA 指派为永久组地址了。例如：

224.0.0.0 基地址(保留)；

224.0.0.1 在本子网上的所有参加多播的主机和路由器；

224.0.0.2 在本子网上的所有参加多播的路由器；

224.0.0.3 未指派；

224.0.0.4 DVMRP 路由器；

224.0.1.0 至 238.255.255.255 全球范围都可使用的多播地址；

239.0.0.0 至 239.255.255.255 限制在一个组织的范围。

2)IP 多播方式

IP 多播可以分为两种：一是只在本局域网上进行硬件多播；二是在因特网的范围进行多播。因为现在大部分主机都是通过局域网接入到因特网的，所以在因特网上进行多播的最后阶段，还是要把多播数据报在局域网上用硬件多播交付给多播组的所有成员[图 5-36(b)]，因此硬件多播很重要。

二、网际组管理协议 IGMP 和多播路由选择协议

1. IP 多播需要的两种协议

图 5-37 是在因特网上传送多播数据报的例子。图中标有 IP 地址的四个主机都参加了一个多播组，其组地址是 226.15.37.123。显然，多播数据报应当传送到路由器 R_1，R_2 和 R_3，而不应当传送到路由器 R_4，因为与 R_4 连接的局域网上现在没有这个多播组的成员。但这些路由器又怎样知道多播组的成员信息呢？这就要利用一个协议，叫网际组管理协议(Internet Group Management Protocol，IGMP)。

图 5-37 强调了 IGMP 的本地使用范围。请注意，IGMP 并非是在因特网范围内对所有多播组成员进行管理的协议。IGMP 不知道 IP 多播组包含的成员数，也不知道这些成员都分布在哪些网络上，等等。IGMP 协议是让连接在本地局域网上的多播路由器知道本局域网上是否有主机参加或退出了某个多播组。

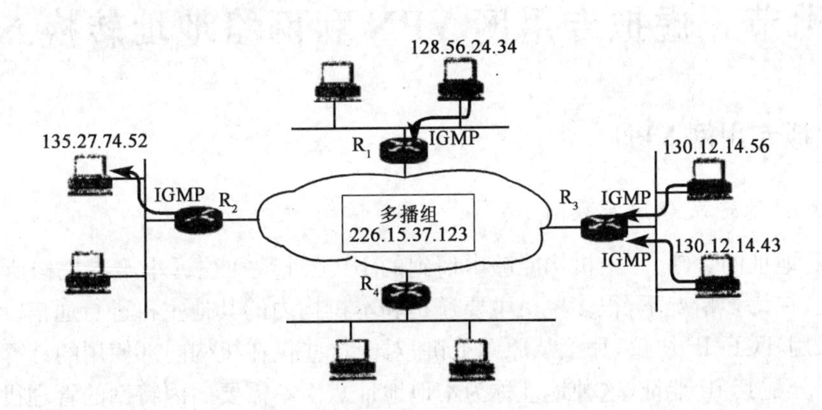

图 5-37　IGMP 使多播路由器知道多播组成员信息

显然，仅有 IGMP 协议是不能完成多播任务的。连接在局域网上的多播路由器还必须和因特网上的其他多播路由器协同工作，以便用最小代价把多播数据报传送给所有的组成员。这就需要使用多播路由选择协议。

2. 多播路由选择协议

1)多播路由协议采用的技术方法

现在众多实用的多播路由选择协议，在转发多播数据报时均使用了以下三种方法：

(1)洪泛与剪除　这种方法适合于较小的多播组，而所有的组成员接入的局域网也是相邻接的。

(2)隧道技术　隧道技术适用于多播组的位置在地理上很分散的情况。

(3)基于核心的发现技术。这种方法对于多播组的大小在较大范围内变化时都适合。

2)常用的多播路由协议

日前还没有在整个因特网范围使用的多播路由选择协议。下面是一些供使用的多播路由选择协议。

(1)距离向量多播路由选择协议 DVMRP　是在因特网上使用的第一个多播路由选择协议。由于在 UNIX 系统中实现 RIP 的程序叫 routed，所以在 routed 的前面加表示多播的字母 m，叫 mrouted，它使用该协议在路由器之间传播路由信息。

(2)基于核心的转发树 CBT　这个协议使用核心路由器作为转发树的根节点。一个大的自治系统 AS 可划分为几个区域，每一个区域选择一个核心路由器。

(3)开放最短通路优先的多播扩展 MOSPF　这个协议是单播路由选择协议 OSPF 的扩充，使用于一个机构内。MOSPF 使用多播链路状态路由选择创建出基于源点的多播转发树。

(4)协议无关多播—稀疏方式 PIM-SM　这个协议使用和 CBT 同样的方法构成多播转发树。这个协议适用于组成员的分布非常分散的情况。

(5)协议无关多播—密集方式 PIM-DM　这个协议适用于组成员的分布非常集中的情况，例如组成员都在一个机构之内。PIM-DM 不使用核心路由器，而是使用洪泛方式转发数据报。

第七节　虚拟专用网 VPN 和网络地址转换 NAT

一、虚拟专用网 VPN

1. 专用 IP 地址及专用互联网

由于 IP 地址的紧缺，一个机构能够申请到的 IP 地址数往往远小于本机构所拥有的主机数。实际上，在许多情况下，很多主机主要还是和本机构内的其他主机进行通信。假定计算机通信也是采用 TCP/IP 协议，那么从原则上讲，对于这些仅在机构内部使用的计算机就可以由本机构自行分配其 IP 地址(这种地址称为本地地址)，而不需要向因特网的管理机构申请全球唯一的理地址(这种地址称为全球地址)。这样就可以大大节约全球 IP 地址资源。

然而，如果任意选择一些 IP 地址作为本机构内部使用的本地地址，那么在某种情况下可能会引起一些麻烦。例如，有时机构内部的某个主机需要和因特网连接，那么这种仅在内部使用的本地地址就有可能和因特网中某个 IP 地址重合，这样就会出现地址的二义性问题。

为了解决这一问题，RFC1918 指明了一些专用地址(Private address)。这些地址只能用于一个机构的内部通信,而不能用于和因特网上的主机通信。换言之,专用地址只能用作本地地址而不能用作全球地址。在因特网中的所有路由器,对目的地址是专用地址的数据报一律不进行转发。RFC1918 指明的专用地址是:

(1)10.0.0.0 到 10.255.255.255(或记为 10/8,它又称为 24 位块)。

(2)172.16.0.0 到 172.31.255.255(或记为 172.16/12,它又称为 20 位块)。

(3)192.168.0.0 到 192.168.255.255(或记为 192.168/16,它又称为 16 位块)。

采用这样的专用 IP 地址的互联网络称为专用互联网或本地互联网,或叫专用网。显然,全世界可能有很多的专用互联网络具有相同的专用 IP 地址,但这并不会引起麻烦,因为这些专用地址仅在本机构内部使用。

2. 虚拟专用网 VPN

有时一个很大的机构有许多部门分布在相距很远的一些地点,而在每一个地点都有自己的专用网。假定这些分布在不同地点的专用网需要经常进行通信。这时,可以有两种方法:一是租用电信公司的通信线路为本机构专用,这种方法的好处是简单方便,但线路的租金太高;二是利用公用的因特网作为本机构各专用网之间的通信载体,这样的专用网又称为虚拟专用网(Virtual Private Network,VPN)。

之所以称为"专用网",是因为这种网络是为本机构的主机用于机构内部的通信,而不是用于和网络外非本机构的主机通信。如果专用网不同网点之间的通信必须经过公用的因特网,但又有保密的要求,那么所有通过因特网传送的数据都必须加密。VPN 只是在效果上和真正的专用网一样,一个机构要构建自己的 VPN 就必须为它的每一个场所购买专门的硬件和软件,并进行配置,使每一个场所的 VPN 系统都知道其他场所的地址。

图 5-38 以两个场所为例说明如何使用 IP 隧道技术实现虚拟专用网。

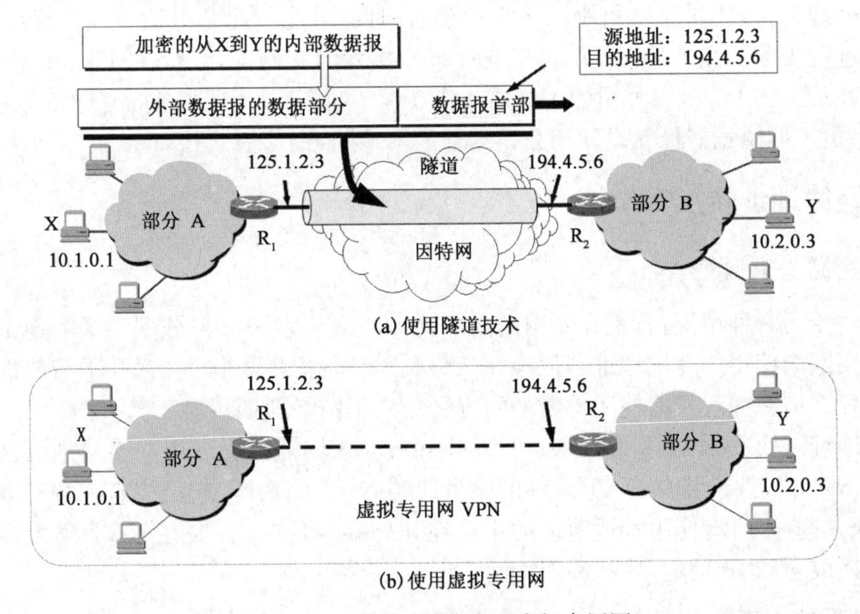

图 5-38　用隧道技术实现虚拟专用网

假定某个机构在两个相隔较远的场所建立了专用网 A 和 B,其网络地址分别为专用地址

10.1.0.0和10.2.0.0。现在这两个场所需要通过公用的因特网构成一个VPN。

显然，每一个场所至少要有一个路由器具有合法的全球IP地址，如图5－38(a)中的路由器R_1和R_2。这两个路由器和因特网的接口地址必须是合法的全球IP地址。路由器R_1和R_2在和专用网内部网络的接口地址则是专用网的本地地址。

在每一个场所A或B内部的通信量都不经过因特网。但如果场所A的主机X要和另一个场所B的主机Y通信，那么就必须经过路由器R_1和R_2。主机X向主机Y发送的IP数据报的源地址是10.1.0.1而目的地址是10.2.0.3。这个数据报先作为本机构的内部数据报从X发送到与因特网连接的路由器R_1。路由器R_1收到内部数据报后，发现其目的网络必须通过因特网才能到达，就把整个的内部数据报进行加密(这样就保证了内部数据报的安全)，然后重新加上数据报的首部，封装成为在因特网上发送的外部数据报，其源地址是路由器R_1的全球地址125.1.2.3，而目的地址是路由器R_1的全球地址194.4.5.6。路由器R_2收到数据报后将其数据部分取出进行解密，恢复出原来的内部数据报(目的地址是10.2.0.3)，交付给主机Y。可见虽然X向Y发送的数据报是通过了公用的因特网，但在效果上就好像是在本部门的专用网上传送一样。如果主机Y要向X发送数据报，那么所经过的步骤也是类似的。

请注意，数据报从R_1传送到R_2可能要经过因特网中的很多个网络和路由器。但从逻辑上看，在R_1到R_2之间好像是一条直通的点对点链路，图5－38(a)中的“隧道”就是这个意思。

如图5－38(b)所示的由场所A和B的内部网络所构成的虚拟专用网VPN又称为内联网(intranet或intranet VPN，即内联网VPN)，表示场所A和B都属于同一个机构。

有时一个机构的VPN需要有某些外部机构(通常就是合作伙伴)参加进来。这样的VPN就称为外联网(extranet或extranet VPN，即外联网VPN)。

请注意，内联网和外联网都采用了因特网技术，即都是基于TCP/IP协议的。

还有一种类型的VPN，就是远程接入VPN(remote access VPN)。如某些公司有很多流动员工在外地工作，公司需要和他们保持联系，有时还可能一起开电话会议。远程接入VPN可以满足这种需求。在外地工作的员工通过拨号接入因特网，而驻留在员工PC机中的VPN软件可以在员工的PC机和公司的主机之间建立VPN隧道，因而外地员工与公司通信的内容是保密的，员工们感觉好像就是使用公司内部的本地网络。

二、网络地址转换NAT

1.网络地址转换NAT

下面讨论另一种情况，就是在专用网内部的一些主机本来已经分配到了本地IP地址(即仅在本专用网内使用的专用地址)，但现在又想和因特网上的主机通信(并不需要加密)，那么应当采取什么措施呢？目前使用得最多的方法是采用网络地址转换。

网络地址转换(Network Address Translation，NAT)需要在专用网连接到因特网的路由器上安装NAT软件。装有NAT软件的路由器叫NAT路由器，它至少有一个有效的外部全球IP地址。这样，所有使用本地地址的主机在和外界通信时，都要在NAT路由器上将其本地地址转换成全球IP地址，才能和因特网连接。

2.NAT路由器工作原理

图5－39给出了NAT路由器的工作原理。在图中，专用网192.168.0.0内所有主机的

IP 地址都是本地 IP 地址 192.168.x.x。NAT 路由器有一个全球 IP 地址 172.28.1.5。

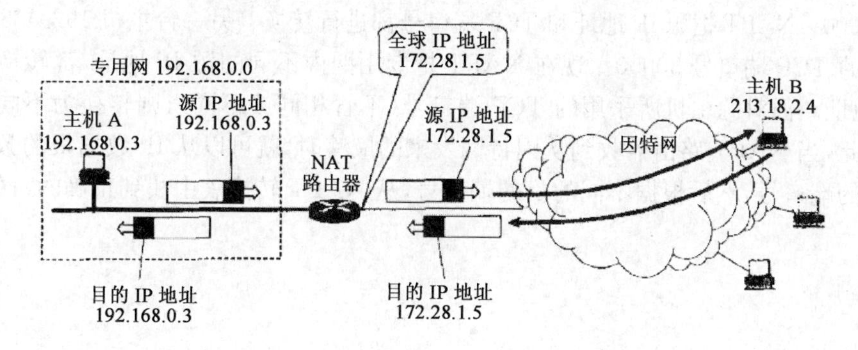

图 5-39　NAT 路由器的工作原理

NAT 路由器收到从专用网内部的主机 A 发往因特网上主机 B 的 IP 数据报：源 IP 地址是 192.168.0.3，而目的 IP 地址是 213.18.2.4。NAT 路由器把 IP 数据报的源 IP 地址 192.168.0.3，转换为新的源 IP 地址（即 NAT 路由器的全球护地址）172.28.1.5，然后转发出去。因此，主机 B 收到这个护数据报时，以为 A 的 IP 地址是 172.28.1.5。当 B 给 A 发送应答时，IP 数据报的目的 IP 地址是 NAT 路由器的 IP 地址 172.28.1.5。B 并不知道 A 的专用地址 192.168.0.3。实际上，即使知道了，也不能使用，因为因特网上的路由器都不转发目的地址是专用网本地 IP 地址的 IP 数据报。当 NAT 路由器收到因特网上的主机 B 发来的 IP 数据报时，还要进行一次 IP 地址的转换。通过 NAT 地址转换表，就可把 IP 数据报上的目的 IP 地址 172.28.1.5，转换为新的目的 IP 地址 192.168.0.3（主机 A 真正的本地 IP 地址）。

显然，通过 NAT 路由器的通信必须由专用网内的主机发起。设想因特网上的主机要发起通信，当 IP 数据报到达 NAT 路由器时，NAT 路由器就不知道应当把目的 IP 地址转换成哪一个专用网内的本地 IP 地址。这就表明，专用网内部的主机不能充当服务器使用，因为因特网上的客户无法请求专用网内的服务器提供服务。

3.使用端口号的 NAPT

为了更加有效地利用 NAT 路由器上的全球 IP 地址，现在常用的 NAT 转换表把运输层的端口号也利用上。这样，就可以使多个拥有本地地址的主机，共用一个 NAT 路由器上的全球 IP 地址，因而可以同时和因特网上的不同主机进行通信。

使用端口号的 NAPT 也称为网络地址与端口号转换（Network Address and Port Translation，NAPT）。但在许多文献中，更常用的还是 NAT 这个更加简洁的缩写词。表 5-6 说明了 NAPT 的地址转换机制。

表 5-6　NAPT 地址转换表举例

方向	字段	旧的 IP 地址和端口号	新的 IP 地址和端口号
出	源 IP 地址：TCP 源端口	192.168.0.3：30000	172.28.1.5：40001
出	源 IP 地址：TCP 源端口	192.168.0.4：30000	172.28.1.5：40002
入	目的 IP 地址：TCP 目的端口	172.28.1.5：40001	192.168.0.3：30000
入	目的 IP 地址：TCP 目的端口	172.28.1.5：40002	192.168.0.4：30000

从表 5－6 可以看出，在专用网内主机 192.168.0.3 向因特网发送 IP 数据报，其 TCP 端口号选择为 30000。NAPT 把源 IP 地址和 TCP 端口号都进行转换。另一台主机 192.168.0.4 也选择了同样的 TCP 端口号 30000。现在 NAPT 把专用网内不同的源 IP 地址，都转换为同样的全球 IP 地址。但对源主机所采用的 TCP 端口号（不管相同或不同），则转换为不同的新的端口号。因此，当 NAPT 路由器收到从因特网发来的应答时，就可以从 IP 数据报的数据部分找出运输层的端口号，然后根据不同的目的端口号，从 NAPT 转换表中找到正确的目的主机。

第六章 运 输 层

运输层是整个网络体系结构中的关键层次之一。本章介绍 TCP/IP 体系中运输层最重要的两种协议：UDP 和 TCP。TCP 比 UDP 复杂得多，必须弄清 TCP 的各种机制（如面向连接的可靠服务、流量控制、拥塞控制等），以及 TCP 连接管理和状态图的概念。

第一节 运输层协议概述

一、运输层的功能

如图 6-1 所示，设局域网 1 上的主机 A 和局域网 2 上的主机 B 通过互联的广域网进行通信。

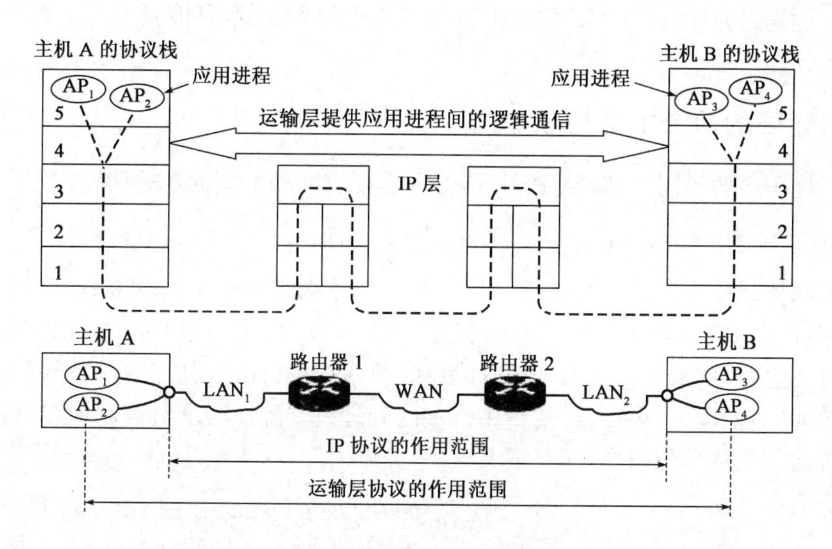

图 6-1 运输层为相互通信的应用进程提供了逻辑通信

两个主机进行通信实质上就是两个主机中的应用进程互相通信，即主机 A 中的一个进程和主机 B 中的一个进程在交换数据。IP 协议虽然能把分组送到目的主机，但是这个分组还停留在主机的网络层而没有交付给主机中的应用进程，这一任务需要运输层来完成。在一个主机中经常有多个应用进程同时分别和另一个主机中的多个应用进程通信。在图 6-1 中，主机 A 的应用进程 AP_1 和主机 B 的应用进程 AP_3 通信，而与此同时，应用进程 AP_2 也和对方的应用进程 AP_4 通信。这表明运输层有一个很重要的功能——复用和分用。这里的"复用"是指在发送方不同的应用进程都可以使用同一个运输层协议传送数据（当然需要加上适当的首部)，而“分用”是指接收方的运输层在剥去报文的首部后能够把这些数据正确交付到目的方的不同应用进程。图6-1中两个运输层之间有一个双向粗箭头，表明“运输层提供给应用进程间的逻辑通信”好像是沿水平方向传送数据，然而事实上这两个运输层之间并没有一条水平方向的物理连接。要传送的数据是沿着图中的虚线方向(经过多个层次)传送的。

由此可见网络层和运输层有明显的区别。网络层是为主机之间提供逻辑通信，而运输层为应用进程之间提供端到端的逻辑通信(图6-2)。

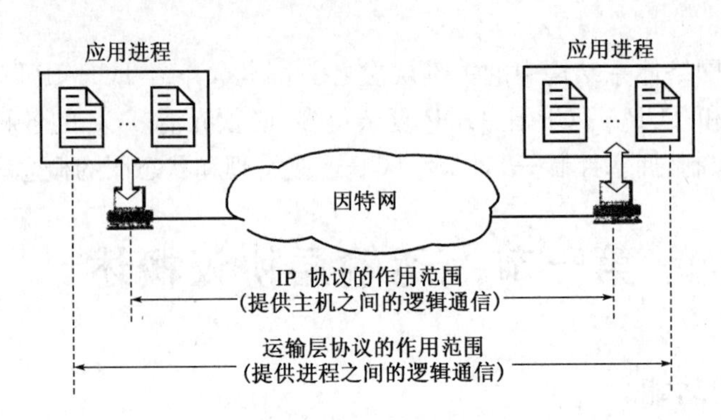

图6-2　运输层协议和网络协议的主要区别

此外运输层还具有网络层无法代替的许多其他重要功能。运输层还要对收到的报文进行差错检测。这是因为在网络层IP数据报首部中的检验和字段，只检验首部是否出现差错而不检查数据部分。

二、运输层的两个主要协议

根据应用程序的不同需求，TCP/IP运输层需要有两种不同的运输协议。

1. 传输控制协议(Transmission Control Protocol，TCP)

传输控制协议是面向连接的通信协议，在传送数据之前必须先建立连接，数据传送结束后要释放连接。TCP不提供广播或多播服务。由于TCP要提供可靠的、面向连接的运输服务，因此不可避免地增加了许多的开销，如确认、流量控制、计时器以及连接管理等。这不仅使协议数据单元的首部增大很多，还要占用许多的处理机资源。两个对等运输实体采用TCP协议通信时传送的数据单位叫作TCP报文段。

2. 用户数据报协议(User Datagram Protocol，UDP)

用户数据报协议UDP是一种无连接的传输层协议，提供面向事务的简单不可靠信息传送服务。UDP在传送数据之前不需要先建立连接。远地主机的运输层在收到UDP报文后，不需要给出任何确认。虽然UDP不提供可靠交付，但在某些情况下UDP却是一种最有效的工作方式。两个对等运输实体采用UDP协议通信时传送的数据单位叫作UDP用户数据报。

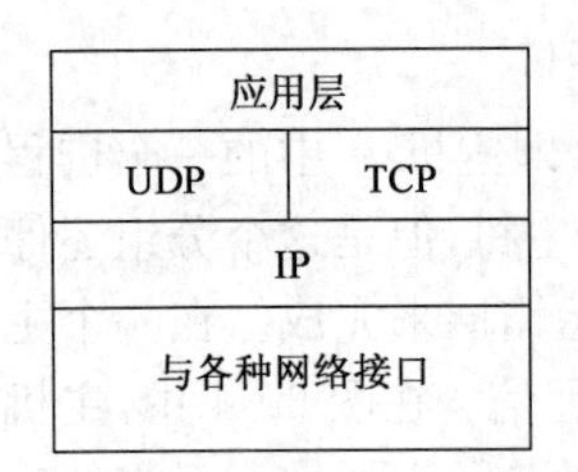

图6-3　TCP/IP体系中的运输层协议

图6-3给出了这两种协议在协议栈中的位置。表6-1给出了一些应用和应用层协议主要使用的运输层协议(UDP或TCP)。

表 6-1　使用 UDP 和 TCP 协议的各种应用和应用层协议

应　　用	应用层协议	运输层协议
名字转换	DNS	UDP
文件传送	TFTP	UDP
路由选择协议	RIP	UDP
IP 地址配置	BOOTP，DHCP	UDP
网络管理	SNMP	UDP
远程文件服务器	NFS	UDP
IP 电话	专用协议	UDP
流式多媒体通信	专用协议	UDP
多播	IGMP	UDP
电子邮件	SMTP	TCP
远程终端接入	TELNET	TCP
万维网	HTTP	TCP
文件传送	FTP	TCP

三、运输层的端口

运输层具有复用和分用功能。应用层所有的应用进程都可以通过运输层再传送到 IP 层，这就是复用；运输层从 IP 层收到数据后必须交付给指明的应用进程，这就是分用。要实现准确的分用，必须采用统一的方法对 TCP/IP 体系的应用层的每个应用进程赋予一个非常明确的标志。

1. 端口号

解决这个问题的方法就是在运输层使用协议端口号（Protocol Portnumber），或通常简称为端口（Port）。这就是说，虽然双方通信的终点是应用进程，但只要把传送的报文交到目的主机的某一个合适的目的端口，剩下的工作（即最后交付给目的进程）就由运输层来完成。运输层有源端口和目的端口两种。

注意，这种抽象的协议端口是软件端口，是应用层的各种协议进程与运输实体进行层间交互的一种地址；路由器或交换机上的端口是硬件端口，是不同硬件设备进行交互的接口。

TCP/IP 的运输层用一个 16 位端口号来标志一个端口，共有 65535 个不同的端口号，这个数目对一个计算机来说是足够用的。

由此可见，两个计算机中的进程要互相通信，不仅要知道对方的 IP 地址（找到对方的计算机），而且还要知道对方的端口号（找到对方计算机中的应用进程）。

2. 端口号类型

因特网上的计算机通信是采用客户—服务器方式。客户在发起通信请求时，必须先知道对方服务器的 IP 地址和端口号。因此运输层的端口号共分为下面的两大类。

1）服务器端使用的端口号

这里又分为两类，最重要的一类为熟知端口号或系统端口号，数值为 0～1023。这些数值可在网址 www. iana. org 查到。IANA 把这些端口号指派给了 TCP/IP 最重要的一些应用程序,让所有的用户都知道。下面给出一些常用的熟知端口号:

应用程序	FTP	TELNET	SMTP	DNS	TFTP	HTTP	SNMP	SNMP(trap)
熟知端口号	21	23	25	53	69	80	161	162

另一类为登记端口号,数值为 1024～49151。这类端口号是为无熟知端口号的应用程序使用的。使用这类端口号必须在 IANA 按照规定的手续登记,以防止重复。

2)客户端使用的端口号

数值为 49152～65535。由于这类端口号仅在客户进程运行时才动态选择,因此又叫短暂端口号。这类端口号是留给客户进程选择暂时使用。当服务器进程收到客户进程的报文时,就知道了客户进程所使用的端口号,因而可以把数据发送给客户进程。通信结束后,刚才已使用过的客户端口号就不复存在。这个端口号就可以供其他客户进程以后使用。

第二节　用户数据报协议 UDP

一、UDP 概述

用户数据报协议 UDP 只在 IP 的数据报服务之上增加了很少一点的功能,这就是复用和分用的功能以及差错检测的功能。UDP 的主要特点是:

(1)UDP 是无连接的,即发送数据之前不需要建立连接(当然发送数据结束时也没有连接可释放),因此减少了开销和发送数据之前的时延。

(2)UDP 使用尽最大努力交付,即不保证可靠交付,因此主机不需要维持复杂的连接状态表。

(3)UDP 是面向报文的。发送方的 UDP 对应用程序交下来的报文,在添加首部后就向下交付给 IP 层。UDP 对应用层交下来的报文,既不合并也不拆分,而是保留这些报文的边界。这就是说,应用层交给 UDP 多长的报文,UDP 就照样发送,即一次发送一个报文,如图 6-4 所示。在接收方的 UDP,对 IP 层交上来的 UDP 用户数据报,在去除首部后就原封不动地交付给上层的应用进程。也就是说,UDP 一次交付一个完整的报文。因此,应用程序必须选择合适大小的报文。若报文太长,UDP 把它交给 IP 层后,IP 层在传送时可能要进行分片,这会降低 IP 层的效率。反之,若报文太短,UDP 把它交给 IP 层后,会使 IP 数据报的首部的相对长度太大,这也降低了 IP 层的效率。

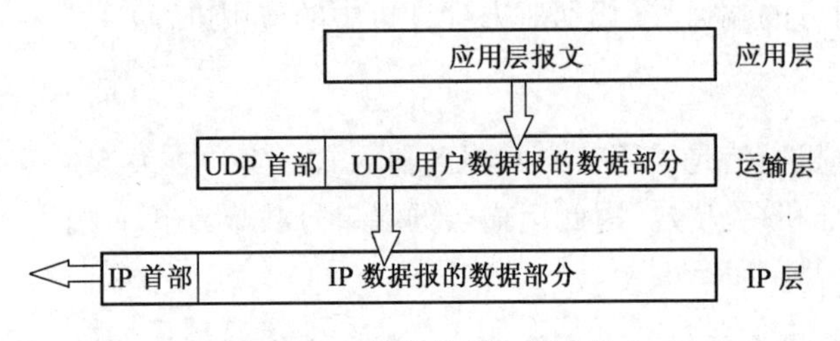

图 6-4　UDP 是面向报文的

(4)UDP 无拥塞控制,因此网络出现的拥塞不会使源主机的发送速率降低,这对某些实时应用是很重要的。很多的实时应用(如 IP 电话、实时视频会议等)要求源主机以恒定的速率发送数据,并且允许在网络发生拥塞时丢失一些数据,但却不允许数据有太大的时延。UDP 正好适合这种要求。

(5)UDP 支持一对一、一对多、多对一和多对多的交互通信。

(6)UDP 的首部开销小,只有 8 个字节,比 TCP 的 20 个字节的首部要短。

虽然某些实时应用需要使用没有拥塞控制的 UDP,但当很多的源主机同时向网络发送高速率的实时视频流时,网络就有可能发生拥塞,结果大家都无法正常接收。因此,UDP 有可能会引起网络产生严重的拥塞问题。

二、UDP 的首部格式

用户数据报 UDP 有两个字段:数据字段和首部字段。首部字段很简单,只有 8 个字节(图 6-5),由四个字段组成,每个字段的长度都是两个字节。各字段意义如下:

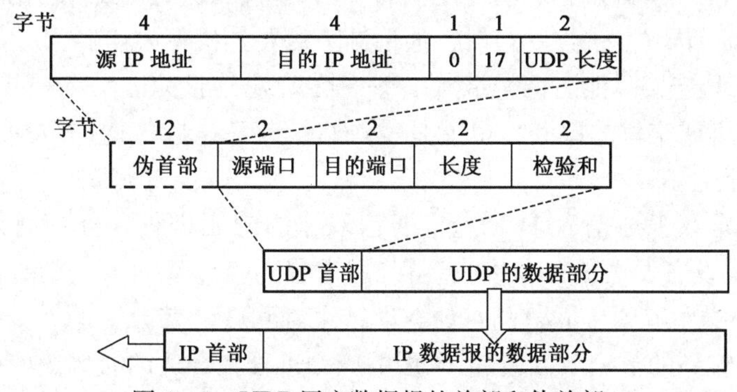

图 6-5　UDP 用户数据报的首部和伪首部

(1)源端口　源端口号,在需要对方回信时选用。不需要时可用全 0。

(2)目的端口　目的端口号,这在终点交付报文时必须要使用到。

(3)长度　UDP 用户数据报的长度,其最小值是 8(仅有首部)。

(4)检验和　检测 UDP 用户数据报在传输中是否有错,有错就丢弃。

当运输层从 IP 层收到 UDP 数据报时,就根据首部中的目的端口,把 UDP 数据报通过相应的端口,上交最后的终点—应用进程。图 6-6 是 UDP 基于端口的分用的示意图。如果接收方 UDP 发现收到的报文中的目的端口号不正确(即不存在对应于该端口号的应用进程),就丢弃该报文,并由 ICMP 发送“端口不可达”差错报文给发送方。

UDP 用户数据报首部中检验和的计算方法有些特殊。在计算检验和时,要在 UDP 用户数据报之前增加 12 个字节的伪首部。所谓“伪首部”是因为这种伪首部并不是 UDP 用户数。只是在计算检验和时,临时添加在 UDP 用户数据报前面,得到一个临时的 UDP 用户数据报。检验和就是按照这个临时的 UDP 用户数据报来计算的。伪首部既不向下传送也不向上递交,而仅仅是为了计算检验和。图 6-5 的最

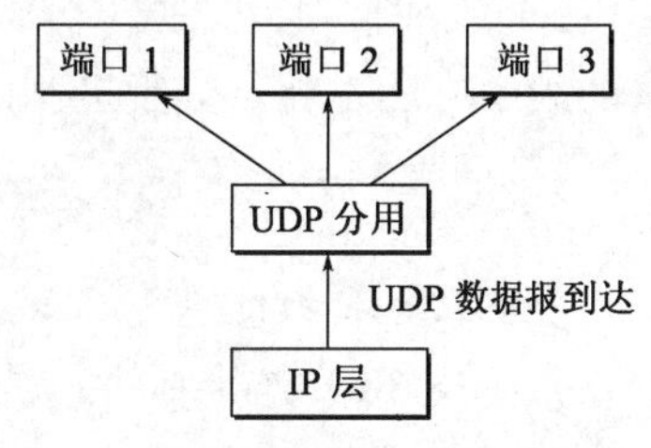

图 6-6　UDP 基于端口的分用图

上面给出了伪首部各字段的内容。

UDP 计算检验和的方法和计算 IP 数据报首部检验和的方法相似。但不同的是:IP 数据报的检验和只检验 IP 数据报的首部,但 UDP 的检验和是对首部和数据部分都检验。

第三节　传输控制协议 TCP 概述

本节对 TCP 协议进行一般的介绍,关于 TCP 的可靠传输、流量控制和拥塞控制等内容可参考其他书籍。

一、TCP 最主要的特点

TCP 是 TCP/IP 体系中非常复杂的一个协议。TCP 最主要特点:

(1)TCP 是面向连接的运输层协议　应用程序在使用 TCP 协议之前,必须先建立 TCP 连接,在传送数据完毕后,必须释放已经建立的 TCP 连接。这就是说,应用进程之间的通信好像在"打电话":通话前要先拨号建立连接,通话结束后要挂机释放连接。

(2)每一条 TCP 连接只能有两个端点　每一条 TCP 连接只能是点对点的(一对一)。

(3)TCP 提供可靠交付的服务　也就是说,通过 TCP 连接传送的数据,无差错、不丢失、不重复、并且按序到达。

(4)TCP 提供全双工通信　TCP 允许通信双方的应用进程在任何时候都能发送数据。TCP 连接的两端都设有发送缓存和接收缓存,用来临时存放双向通信的数据。在发送时,应用程序在把数据传送给 TCP 的缓存后,任务即结束,而 TCP 在合适的时候把数据发送出去。在接收时,TCP 把收到的数据放入缓存,上层的应用进程在合适的时候读取缓存中的数据。

(5)面向字节流　TCP 中的"流"指的是流入到进程或从进程流出的字节序列。"面向字节流"的含义是:虽然应用程序和 TCP 的交互是一次一个数据块(大小不等),但 TCP 把应用程序交下来的数据看成仅仅是一连串的无结构的字节流。

二、TCP 的连接

TCP 把连接作为最基本的抽象。TCP 的许多特性都与 TCP 是面向连接的这个基本特性有关。因此我们对 TCP 连接需要有更清楚的了解。

前面已经讲过,每一条 TCP 连接有两个端点。那么,TCP 连接的端点是什么呢?不是主机,不是主机的 IP 地址,不是应用进程,也不是运输层的协议端口。TCP 连接的端点叫套接字(socket)或插口。根据 RFC793 的定义:端口号拼接到 IP 地址即构成了套接字。因此套接字的表示方法是在点分十进制的 IP 地址后面写上端口号,中间用冒号或逗号隔开。

$$\text{套接字 socket} = (\text{IP 地址}:\text{端口号}) \tag{6-1}$$

例如,若 IP 地址是 192.3.4.5 而端口号是 80,那么得到的套接字就是(192.3.4.5:80)。

每一条 TCP 连接唯一地被通信两端的两个端点(即两个套接字)所确定。即:

$$\text{TCP 连接}::=\{\text{socket}_1,\text{socket}_2\}=\{(\text{IP}_1:\text{port}_1),(\text{IP}_2:\text{port}_2)\} \tag{6-2}$$

这里 IP_1 和 IP_2 分别是两个端点主机的 IP 地址，而 $port_1$ 和 $port_2$ 分别是两个端点主机中的端口号。TCP 连接的两个套接字就是 $Socket_1$ 和 $Socket_2$。

总之，TCP 连接就是由协议软件所提供的一种抽象。同一个 IP 地址可以有多个不同的 TCP 连接，而同一个端口号也可以出现在多个不同的 TCP 连接中。

我们知道，TCP 发送的报文段是交给 IP 层传送的。但 IP 层只能提供尽最大努力服务，也就是说，TCP 下面的网络所提供的是不可靠的传输。因此，为了确保网络传输的可靠性，TCP 采用了“停止等待”和“连续 ARQ”两种可靠传输协议。

第四节　TCP 报文段的首部格式

TCP 虽然是面向字节流的，但 TCP 传送的数据单元却是报文段。一个 TCP 报文段分为首部和数据两部分，而 TCP 的全部功能都体现在它首部中各字段的作用。因此，只有弄清 TCP 首部各字段的作用才能掌握 TCP 的工作原理。下面就讨论 TCP 报文段的首部格式。

TCP 报文段首部的前 20 个字节是固定的(图 6－7)，后面有 4N 字节是根据需要而增加的选项(N 是整数)。因此 TCP 首部的最小长度是 20 字节。首部固定部分各字段的意义如下：

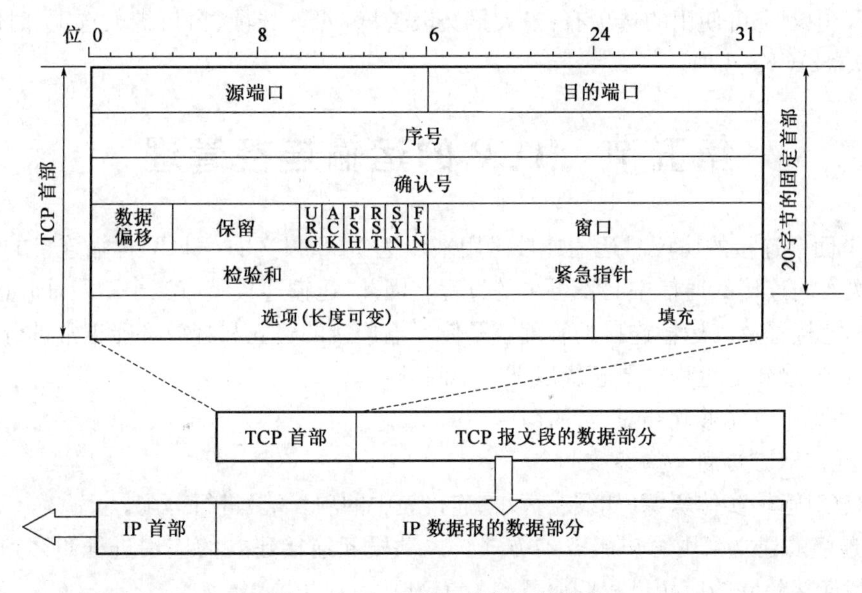

图 6－7　TCP 报文段的部首格式

(1)源端口和目的端口　各占 2 个字节，分别写入源端口号和目的端口号。和前面图 6－5所示的 UDP 的分用相似，TCP 的分用功能也是通过端口实现的。

(2)序号　占 4 字节。序号范围是[0，$2^{32}-1$]，共 2^{32}(即 4284967296)个序号。序号增加到 $2^{32}-1$ 后，下一个序号就又回到 0。TCP 是面向字节流的。在一个 TCP 连接中传送的字节流中的每一个字节都按顺序编号。整个要传送的字节流的起始序号必须在连接建立时设置。首部中的序号字段值则指的是本报文段所发送的数据的第一个字节的序号。

(3)确认号　占4字节，是期望收到对方下一个报文段的第一个数据字节的序号。

(4)数据偏移　占4位，它指出TCP报文段的数据起始处距离TCP报文段的起始处有多远。这个字段实际上是指出TCP报文段的首部长度。数据偏移的最大值是60字节，这也是TCP首部的最大长度(即选项长度不能超过40字节)。

(5)保留　占6位，保留为今后使用，但目前应置为0。下面有6个控制位说明本报文段的性质。

(6)窗口　占2字节。窗口值是$[0, 2^{16}-1]$之间的整数。窗口指的是发送本报文段的一方的接收窗口(而不是自己的发送窗口)。

(7)检验和　占2字节。检验和字段检验的范围包括首部和数据。和UDP用户数据报一样，在计算检验和时，要在TCP报文段的前面加上12字节的伪首部。伪首部的格式与图6-5中UDP用户数据报的伪首部一样。但应把伪首部第4个字段中的17改为6(TCP的协议号是6)，把第5字段中的UDP长度改为TCP长度。接收方收到此报文段后，仍要加上这个伪首部来计算检验和。

(8)紧急指针　占2字节。指出本报文段中的紧急数据的字节数(紧急数据结束后就是普通数据)。

(9)选项　长度可变，最长可达40字节。当没有使用选项时，TCP的首部长度是20字节。在TCP中规定可使用的选项有：最大报文段长度MSS选项、窗口扩大选项、时间戳选项和选择确认(SACK)选项。

第五节　TCP的运输连接管理

TCP是面向连接的协议。运输连接是用来传送TCP报文的。TCP运输连接的建立和释放是每一次面向连接的通信中必不可少的过程。因此，运输连接就有三个阶段，即：连接建立、数据传送和连接释放。运输连接的管理就是使运输连接的建立和释放都能正常进行。

在TCP连接建立过程中要解决以下三个问题：

(1)要使每一方能够确知对方的存在。

(2)要允许双方协商一些参数。

(3)能够对运输实体资源(如缓存大小、连接表中的项目等)进行分配。

TCP连接的建立采用客户服务器方式。主动发起连接建立的应用进程叫客户(client)，而被动等待连接建立的应用进程叫服务器(server)。

一、TCP连接的建立

图6-8给出了TCP建立连接的过程。假定主机A运行的是TCP客户程序，而B运行TCP服务器程序。最初两端的TCP进程都处于CLOSED(关闭)状态。图中在主机下面的方框分别是TCP进程所处的状态。请注意，A主动打开连接，而B被动打开连接。

B的TCP服务器进程先创建传输控制块TCB，准备接受客户进程的连接请求。然后服务器进程就处于LISTEN(收听)状态，等待客户的连接请求。如有，即做出响应。

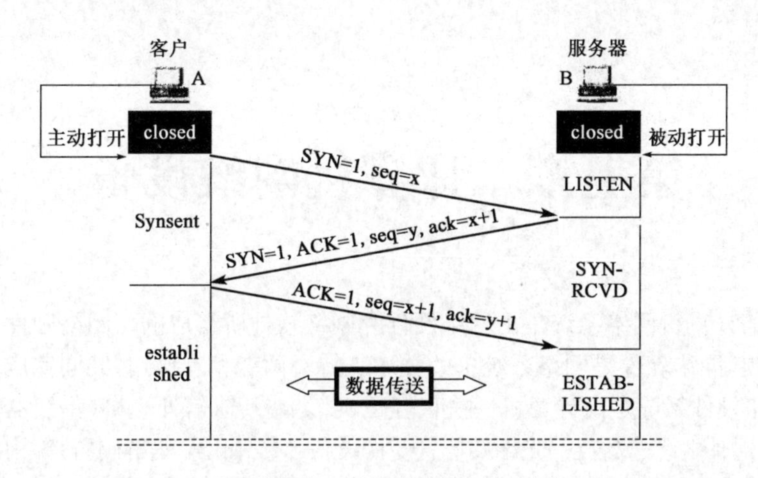

图 6-8　用三次握手建立 TCP 连接

A 的 TCP 客户进程也是首先创建传输控制模块 TCB,然后向 B 发出连接请求报文段,这时首部中的同步位 SYN＝1,同时选择一个初始序号 seq＝x。TCP 规定,SYN 报文段(即 SYN＝1 的报文段)不能携带数据,但要消耗掉一个序号。这时,TCP 客户进程进入 SYN-SENT(同步已发送)状态。

B 收到连接请求报文段后,如同意建立连接,则向 A 发送确认。在确认报文段中应把 SYN 位和 ACK 位都置 1,确认号是 ack＝x＋1,同时也为自己选择一个初始序号 seq＝y。注意,这个报文段也不能携带数据,但同样要消耗掉一个序号。这时 TCP 服务器进程进入 SYN-RCVD(同步收到)状态。

TCP 客户进程收到 B 的确认后,还要向 B 给出确认。确认报文段的 ACK 置 1,确认号 ack＝y＋1,而自己的序号 seq＝x＋1。TCP 的标准规定,ACK 报文段可以携带数据。但如果不携带数据则不消耗序号,在这种情况下,下一个数据报文段的序号仍是 seq＝x＋1。这时,TCP 连接已经建立,A 进入 ESTABLISHED(已建立连接)状态。

当 B 收到 A 的确认后,也进入 ESTABUSHED 状态。

上面给出的连接建立过程叫三次握手(three-way handshake),或三次联络。

二、TCP 连接的释放

TCP 连接释放采用 4 次握手,过程比较复杂,在此忽略。

第七章　计算机网络设备

一个完整的计算机网络系统是由网络硬件和网络软件所组成的。网络硬件是计算机网络系统的物理实现，网络软件是网络系统中的技术支持。两者相互作用，共同完成网络功能。

计算机网络硬件系统是由计算机（主机、客户机、终端）、通信处理机（集线器、交换机、路由器）、通信线路（同轴电缆、双绞线、光纤）、信息变换设备（Modem，编码解码器）等构成。如图 7-1 所示。

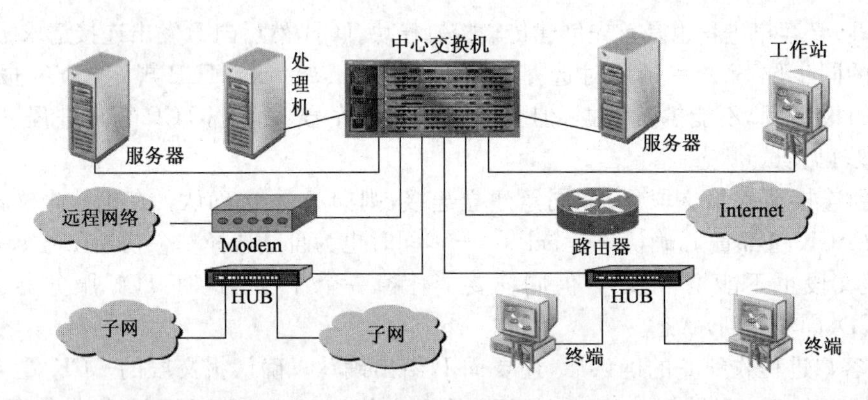

图 7-1　网络硬件组成结构示意图

计算机网络软件系统包括网络操作系统、网络系协议软件、网络管理软件、网络通信软件和网络应用软件。

本章将从原理和应用的角度，按不同层次介绍网络中的常用设备，如调制解调器、集线器、网卡、交换机、网关、路由器和三层交换机等。

第一节　物理层设备

如前所述，物理层处于 TCP/IP 协议的第一层，其功能是照原样如实地将来自网络层的比特流传送到网络传输介质或反之。常见的物理层设备有调制解调器和集线器。

一、调制解调器

调制解调器即 Modem，是调制器（Modulator）与解调器（Demodulator）的简称。Modem 把数字信号转换为相应的模拟信号的过程称为“调制”。经过调制的信号传送到另一台计算机之前，接收方的 Modem 负责把模拟信号转换为数字信号，这个过程称为“解调”。调制方式相应的有调幅、调频和调相（参见第一章）。

1. Modem的类别

调制解调器一般分为外置式、内置式和PC卡式，如图7-2所示。外置式Modem通常有串口Modem和USB接口Modem之分，串口Modem多为25针的RS232接口，用来和计算机的RS232口(串口)相连。标有“Line”的接口接电话线，标有“Phone”的接电话机；USB接口Modem只需将其接在主机的USB接口就可以，支持即插即用。

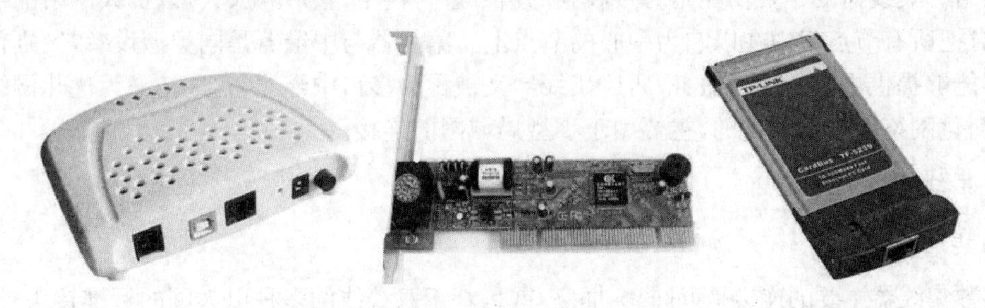

图7-2 外置式、内置式和PC卡式Modem

内置式Modem直接插在计算机扩展槽中，而PCMCIA插卡式Modem是笔记本计算机采用，直接插在标准的PCMCIA插槽中。

2. Modem的传输模式

Modem的传输模式有传真模式(Fax Modem)和语音模式(Voice Modem)。

3. Modem的传输速率

Modem的传输速率是指Modem每秒传送的数据量的大小，以bps为单位。在实际使用过程中，Modem的速率往往不能达到标称值。实际的传输速率主要取决于电话线路的质量、是否有足够的带宽和对方的Modem速率。

4. Modem的传输协议

Modem的传输协议包括调制协议(Modulation Protocols)、差错控制协议(Error Control Protocols)、数据压缩协议(Data Compression Protocols)和文件传输协议。

Modem指示灯的功能含义如表7-1所示。

表7-1 Modem指示灯的功能含义

指示灯	功能含义
MR	Modem已准备就绪，并成功通过自检
TR	终端准备就绪
SD	Modem正在发出数据
RD	Modem正在接收数据
OH	摘机指示，Modem正占用电话线
CD	载波检测，Modem与对方连接成功
RI	Modem处于自动应答状态，某些Modem用AA表示
HS	高速指示，速率大于9600b/s

二、集线器

1. 集线器的作用

集线器是目前使用较为广泛的网络设备之一，主要在 10BASE-T 网络中用来组建星形拓扑的网络。集线器的主要功能是对接收到的信号进行再生、整形和放大，以扩大网络的传输距离，同时把所有节点集中在以它为中心的节点上。集线器与中继器是同类型设备，区别仅在于集线器能够提供更多的端口服务，所以集线器又被称为多口中继器，它最初是为优化网络布线结构、简化网络管理而设计的，主要用于小型局域网的连接。

2. 集线器的类型

1)基本规范

多数集线器主要的连接是 RJ－45 插座，这是基于双绞线的多种以太网的标准接头类型，每种线缆到集线器的长度由使用的介质决定。多数集线器带有指示多种状态的 LED 指示灯。常见的两种指示灯是电源和端口状态指示灯，有的集线器还有监视端口通信状态和冲突的指示灯。

2)根据集线器的管理方式分类

(1)被动集线器：它只是简单地从一个端口接收数据并通过所有端口分发。这种集线器是星形拓扑以太网的初级设备。

(2)主动集线器：主动集线器拥有被动集线器的所有性能，此外还能监视数据。

(3)智能集线器：智能集线器比前两种具有更多的优点，是允许用网管软件对其进行管理的集线器，可以使用户更有效地共享资源。在需要进行网络管理的中大型网络系统中，一般都要求使用智能集线器。

3)根据配置形式进行分类

(1)独立集线器：固定端口配置，扩充时用级连的方法。

(2)模块化集线器：又称机箱式，由一台带有底板、电源的机箱和若干块多端口的接口卡(线卡)组成。可按需灵活配置，通过插入不同的插卡满足不同需求(如插入交换卡、路由卡、加密卡等)。

(3)堆叠式集线器：固定配置，用堆叠方法进行扩充——堆叠连接在一起的 HUB 在逻辑相当于一台单独的 HUB，可统一管理。如图 7－3 所示。

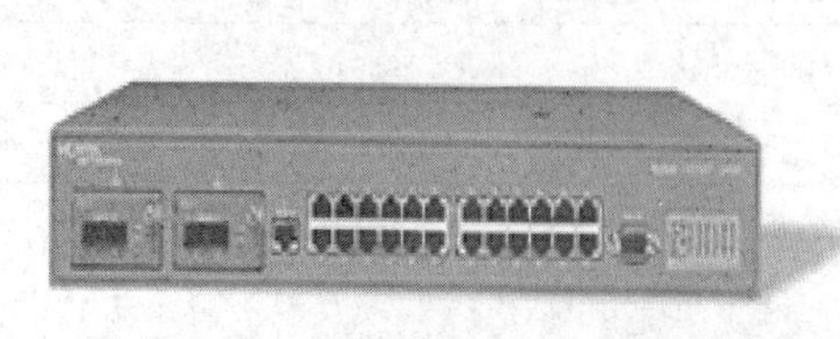

图 7－3　独立式、模块化和堆叠式集线器

4)根据传输速度分类

(1)传统集线器：传输速度为 10Mb/s(10Base-T 网络)。

(2)快速以太网集线器:传输速度为100Mb/s(100Base-T网络)。

(3)10/100M自适应集线器:传输速度自适应,内部有10Mb/s和100Mb/s两个网段,集线器根据连接速度将主机连接到不同网段上,网段之间用交换方式连接。

3.集线器的工作原理

(1)一个集线器整体是一个冲突域和广播域。在集线器内部,采用单工(在同一时间内,只能单发或者单收数据)模式发送数据,所有连接到集线器的设备共享带宽,所以当上行通道与下行通道同时发送数据时会存在信号碰撞现象。当集线器从内部端口检测到碰撞时,产生碰撞强化信号并向集线器所连接的目标端口进行传送。这时集线器上所有的数据都不能发送成功,形成网络"大塞车"。

(2)集线器采用广播方式发送数据,因为是网络底层设备,所以不具备交换机对于MAC地址的学习和记忆功能,也就不产生MAC地址表,所以它发送数据时是没有针对性的,而是采用广播方式发送,也就是说当它要向某节点发送数据时,不是直接把数据发送到目的节点,而是把数据包发送到与集线器相连的所有节点上。

这种广播发送数据方式有两方面不足:①可能带来用户数据通信的不安全;②由于所有数据包都是向所有节点同时发送,加上共享带宽方式,增加了网络塞车的可能,降低了网络执行效率。

第二节　数据链路层设备

一、网卡

网络适配器(Network Interface Card,NIC),也称网卡,是计算机与局域网相互连接的设备。

1.网卡的原理

网卡接收到传输来的数据时,网卡内的单片程序先接收数据头中的目的MAC地址,再根据计算机上的网卡驱动程序设置的接收模式判断该不该接收,如果认为此帧该接收,就在接收后向CPU发送中断信号,CPU得到中断信号后产生中断,操作系统根据网卡驱动程序中设置的网卡中断程序地址调用驱动程序接收数据,驱动程序接收数据后将数据放入信号堆栈让操作系统处理,如果认为不该接收该帧就丢弃不管。

一块网卡主要由RJ－45接口、指示灯、固定片、PCB线路板、主芯片、金手指、BOOTROM、EEPROM、晶振以及一些二极管、电阻电容等组成 。

2.网卡的分类

1)按总线接口类型分类

按总线接口类型,网卡可分为ISA接口网卡和PCI接口网卡。目前,PCI-X总线接口类型的网卡在服务器上也开始得到应用,笔记本电脑所使用的网卡是PCMCIA接口类型的。

(1)ISA总线网卡。

ISA总线接口由于I/O速度较慢,随着20世纪90年代初PCI总线技术的出现,很快被淘汰了。目前在市面上已基本上无ISA总线类型的网卡。

(2)PCI总线网卡。

PCI总线网卡在当前的台式机上相当普遍，也是目前最主流的一种网卡接口类型。因为它的I/O速度远比ISA总线型的网卡快(ISA最高仅为33MB/s，而目前的PCI 2.2标准32位的PCI接口数据传输速度最高可达133MB/s)。而且可通过网卡所带的两个指示灯颜色初步判断网卡的工作状态。

(3)PCI-X总线网卡。

这是一种目前在服务器上使用的最新网卡类型，与PCI网卡相比，在I/O速度方面提高了一倍，比PCI接口具有更快的数据传输速度(2.0版本最高可达到266MB/s的传输速率)。目前这种总线类型的网卡在市面上还很少见，主要是由服务器生产厂商随机独家提供，如在IBM的X系列服务器中就已安装此类型网卡。PCI-X总线接口的网卡一般为32位总线宽度，也有64位数据宽度。

(4)PCMCIA总线网卡。

PCMCIA总线网卡为笔记本电脑专用，它受笔记本电脑的空间限制，体积远不可能像PCI接口网卡那么大。随着笔记本电脑的日益普及，这种总线类型的网卡目前在市面上较为常见，而且网卡的生产厂商也较原来多了许多。PCMCIA总线分为两类，一类为16位的PCMCIA，另一类为32位的CardBus。

(5)USB接口网卡。

作为一种新型的总线技术，通用串行总线(Universal Serial Bus，USB)已经被广泛应用于鼠标、键盘、打印机、扫描仪、Modem、音箱等各种设备。其传输速率远远大于传统的并行口和串行口，设备安装简单并且支持热插拔。

2)按网络接口类型分类

目前常见的接口主要有以太网的RJ-45接口、细同轴电缆的BNC接口和粗同轴电AUI接口、FDDI接口、ATM接口等。有的网卡为了适用于更广泛的应用环境，提供了两种或多种类型的接口。

(1)RJ-45接口网卡。

RJ-45接口是最常见的网络设备接口，俗称“水晶头”，专业术语为RJ-45连接器，属于双绞线以太网接口类型。RJ-45插头只能沿固定方向插入，设有一个塑料弹片与RJ-45插槽卡住以防止脱落。这种接口在10Base-T以太网、100Base-TX以太网、1000Base-TX以太网中都可以使用，传输介质均为双绞线，但是根据带宽的不同对介质也有不同的要求，特别是用于1000Base-TX千兆以太网连接时，至少要使用超五类线，若要保证稳定高速的话还需使用6类线。

(2)BNC接口网卡。

BNC接口网卡对适用于以细同轴电缆为传输介质的以太网或令牌网，目前较少见，主要因为以细同轴电缆为传输介质的网络较少。

(3)AUI接口网卡。

AUI接口网卡对适用于以粗同轴电缆为传输介质的以太网或令牌网，目前更为少见，因为用粗同轴电缆作为传输介质的网络更是少之又少。

(4)FDDI 接口网卡。

FDDI 接口网卡适应于 FDDI 网络中,具有 100Mbps 的带宽,采用光纤为传输介质,因此,FDDI 接口为光模接口。随着快速以太网的出现,其速度优越性已不复存在,但其须采用昂贵的光纤作为传输介质的缺点并没有改变,所以目前也非常少见。

(5)ATM 接口网卡。

ATM 接口网卡适用于 ATM 光纤(或双绞线)网络。可提供的物理传输速度达 155Mbps。

3)按带宽分类

目前主流的网卡有 10Mbps 网卡、100Mbps 以太网卡、10Mbps/100Mbps 自适应网卡、1000Mbps 千兆以太网卡四种。

(1)10Mbps 网卡。

10Mbps 网卡主要是比较老式、低档的网卡,仅适应于一些小型局域网或家庭需求,中型以上网络一般不选用。

(2)100Mbps 网卡。

100Mbps 网卡[图 7－4(a)]是一种技术比较先进的网卡,并已逐渐得到普及,一般用于骨干网络中。需要注意的是一些杂牌的 100Mbps 网卡不能向下兼容 10Mbps 网络。

(3)10Mbps/100Mbps 网卡。

10Mbps/100Mbps 网卡是一种 10Mbps 和 100Mbps 两种带宽自适应的网卡,也是目前应用最为普遍的一种网卡类型。该网卡可根据所用环境自动选择适当的带宽,能兼容 10Mbps 的老式网络设备和新的 100Mbps 网络设备。

(4)1000Mbps 以太网卡。

1000Mbps 以太网卡[图 7－4(b)]的带宽也可达到 1Gbps,网络接口有两种主要类型:一是普通的双绞线 RJ－45 接口;另一种是多模 SC 型标准光纤接口。

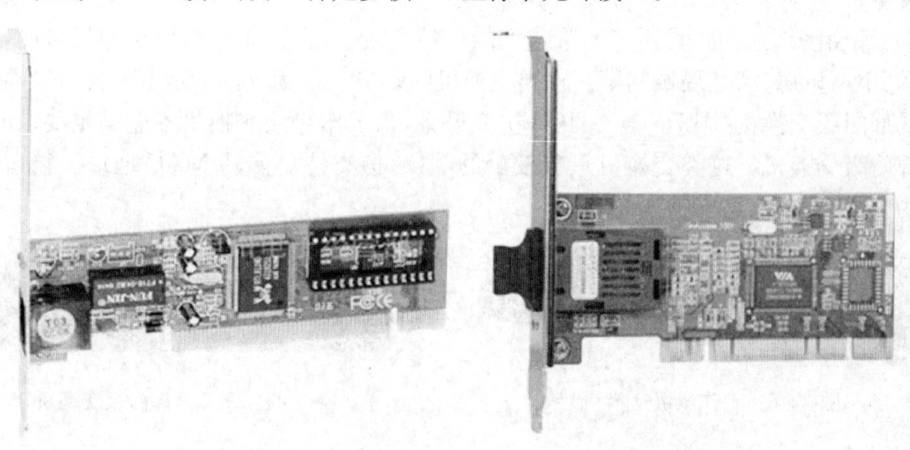

(a) 100 Mbps　　(b) 1000 Mbps

图 7－4　100Mbps 网卡和 1000Mbps 网卡

3. 网卡的安装

网卡的安装包括硬件的安装和驱动程序的安装。

二、网桥

网桥是连接两个局域网的一种设备，可以用于扩展网络的距离，可在不同介质之间转发数据信号以及隔离不同网段之间的通信。

网桥可以从端口接收到网段传送的各种帧，每当接收到一个帧时，就先放在其缓冲区中。若此帧未出现差错，且欲发往的目的站地址属于另一个网段，则通过查找站表，将收到的帧送往对应的端口转发，否则就丢弃此帧。仅在同一网段中通信的帧，不会被网桥转发到另一个网段去。关于网桥更详细的内容请参考第四章第六节。

三、交换机

交换机是目前应用较广泛的网络设备之一，同样是用以组建星形拓扑的网络。从外观上看，交换机与集线器几乎一样，其端口与连接方式和集线器几乎也是一样（图 7－5），但是，由于交换机采用了交换技术，其性能优于集线器。

图 7－5　不同端口数目的交换机

由于交换机采用交换技术，使其可以并行通信而不像集线器那样平均分配带宽。例如一台 100 Mb/s 交换机的每端口都是 100Mb/s，互联的每台计算机均以 100Mb/s 的速率通信，这使交换机能够提供更佳的通信性能。

1. 交换机的分类

（1）按交换机所支持的速率和技术类型，交换机可分为以太网交换机、千兆位以太网交换机、ATM 交换机、FDDI 交换机等。

（2）按交换机的应用场合，交换机可分为工作组级交换机、部门级交换机和企业级交换机三种类型。

①工作组级交换机（图 7－6）：最常用的一种交换机，主要用于组建小型局域网，如办公室局域网、小型机房、家庭局域网等。这类交换机的端口一般为 10/100Mb/s 自适应端口。

②部门级交换机（图 7－7）：常用作扩充设备，当工作组级交换机不能满足要求时，可考虑使用部门级交换机。这类交换机只有较少的端口，但支持更多的 MAC 地址。端口传输速率一般为 100Mb/s。

图 7－6　工作组级交换机

图 7－7　部门级交换机

③企业级交换机（图 7－8）：企业级交换机属于高端交换机，采用模块化的结构，可作为网络骨干构建高速局域网。企业级交换机的信息点超过 500 个。企业级交换机仅用于大型网络，且一般作为网络的骨干交换机。此外根据交换机的结构可分为固定端口交换机和模块化交换机。

图 7-8　企业级交换机

2. 交换机的工作原理

当交换机从某一节点收到一个以太网帧后，将立即在其内存中的地址表（端口号－MAC地址）进行查找，以确认该目的 MAC 地址的网卡连接在哪一个接口上，然后将该帧转发至相应的接口。如果在地址表中没有找到该 MAC 地址，即该目的 MAC 地址为首次出现，交换机就将数据包广播到所有节点。拥有该 MAC 地址的网卡在接收到该广播帧后，将立即做出应答，从而使交换机将其节点的“MAC 地址”添加到 MAC 地址表中。交换机的主要功能包括物理编址、网络拓扑结构、错误校验、帧序列以及流量控制。交换机的工作方式有直通式、存储转发方式和碎片隔离式。

第三节　网络层以及上层设备

一、路由器

1. 路由器的功能

路由器是工作在网络层的设备，主要用于不同类型网络的互联。路由器的功能主要体现在以下几个方面。

1）路由功能

所谓路由，即信息传输路径的选择。当使用路由器将不同网络连接起来后，路由器可以在不同网络间选择最佳的信息传输路径，从而使信息更快地传输到目的地。事实上，互联网就是通过众多的路由器将世界各地的不同网络互联起来的，路由器在互联网中选择路径并转发信息，使世界各地的网络可以共享网络资源。

2）分组转发（交换）

它主要完成按照路由选择所指出的路由器将数据分组从源结点转发到目的结点。

3）隔离广播、划分子网

当组建的网络规模较大时，同一网络中的主机台数过多，会产生过多的广播流量，从而降低网络性能。为了提高性能，减少广播流量，可以通过路由器将网络分隔为不同的子网。路由器可以在网络间隔离广播，使一个子网的广播不会转发到另一子网，从而提升每个子网的性能，当一个网络因流量过大而性能下降时，可以考虑使用路由器来划分子网。

4)广域网接入

当一个较大的网络要访问互联网并要求有较高带宽时，通常采用专线接入的方式，一些大型网吧、校园网、企业网等往往采用这种接入方法。通过专线使局域网接入互联网时，需要用路由器实现接入。

5)防火墙功能

可配置独立IP地址的网管型路由器，能够具备基本的防火墙功能，即能够屏蔽内部网络的IP地址，自由设定IP地址、通信端口过滤，使网络更加安全。

路由器的接口主要有串口、以太口和CONSOLE口等，通常，串口连接广域网，以太口连接局域网，而CONSOLE口用于连接计算机或终端，配置路由器。

2.路由器的分类

根据不同的划分方法，路由器可以分成不同的种类：

(1)按照协议来分类，可分为单协议路由器和多协议路由器。

(2)按照使用场所来分类，可分为本地路由器和远端路由器。

(3)按照路由器的技术特点和应用特点来分类，可分为骨干级路由器、企业级路由器和接入级路由器

3.路由器的工作原理

路由器(Router)是用于连接多个逻辑上分开的网络，逻辑网络是一个单独的网络或者一个子网。当数据从一个子网传输到另一个子网时，可通过路由器来实现。因此，路由器具有判断网络地址和选择路径的功能，能够在多网络互联环境中，建立灵活的连接，可利用完全不同的数据分组和介质访问方法连接各种子网。路由器只接受源站或其他路由器的信息，属网络层的一种互联设备。它不关心各子网使用的硬件设备，但要求运行与网络层协议相一致的软件。一般说来，异种网络互联与多个子网互联都应采用路由器来完成。

路由器的主要工作就是为经过路由器的每个数据帧寻找一条最佳传输路径，并将该数据有效地传送到目的站点。由此可见，选择最佳路径的策略即路由算法是路由器的关键所在。为了完成这项工作，在路由器中保存着各种传输路径的相关数据—路径表(Routing Table)，供路由选择时使用。路径表中保存着子网的标志信息、网上路由器的个数和下一个路由器的名字等内容。路径表可以是由系统管理员固定设置好的，也可以由系统动态修改，可以由路由器自动调整，也可以由主机控制。

二、网关

1.网关

一个网络向外发送信息或向内接收信息，也必须经过一道"关口"，这道关口就是网关。网关(Gateway)又称为"网间连接器"或"协议转换器"。

网关设在传输层上，用于两个不同高层协议的网络互联，是最复杂的网络互联设备。网关

的结构和路由器类似，不同的是互联层次不同。网关既可以用于广域网互联，也可以用于局域网互联。

网关的技术核心：

(1)网关不能完全归为一种网络硬件，它应该是能够连接不同网络的软件和硬件的结合。

(2)网关可以使用不同的格式、通信协议或结构连接两个系统。网关实际上是通过重新封装信息以使它们能被另一个系统读取，为了完成这项任务，网关必须能运行在 OSI 参考模型的几个层上，负责建立和管理会话，传输已经编码的数据，并解析逻辑和物理地址数据。

按照不同的分类标准，网关也有很多种。TCP/IP 协议中的网关是最常用的。

2. 网关的 IP

网关实质上是一个网络通向其他网络的 IP 地址。网关的 IP 地址是具有路由功能的设备的 IP 地址。路由器、启用了路由协议的服务器(实质上相当于一台路由器)或代理服务器(也相当于一台路由器)都可以设置网关。

例如，有网络 A 和网络 B，网络 A 的 IP 地址范围为“192.168.1.1～192.168.1.254”，子网掩码为 255.255.255.0；网络 B 的 IP 地址范围为“192.168.2.1～192.168.2.254”，子网掩码为 255.255.255.0。在没有路由器的情况下，两个网络之间是不能进行 TCP/IP 通信的，即使是两个网络连接在同一台交换机(或集线器)上，TCP/IP 协议也会根据子网掩码(255.255.255.0)判定两个网络中的主机处在不同的网络中。要实现两个网络之间的通信，必须通过网关。如果网络 A 中的主机发现数据包的目的主机不在本地网络中，就把数据包转发给自己的网关，再由网关转发给网络 B 的网关，网络 B 的网关再转发给网络 B 的某个主机，如图 7-9 所示。网络 B 向网络 A 转发数据包的过程也是如此。

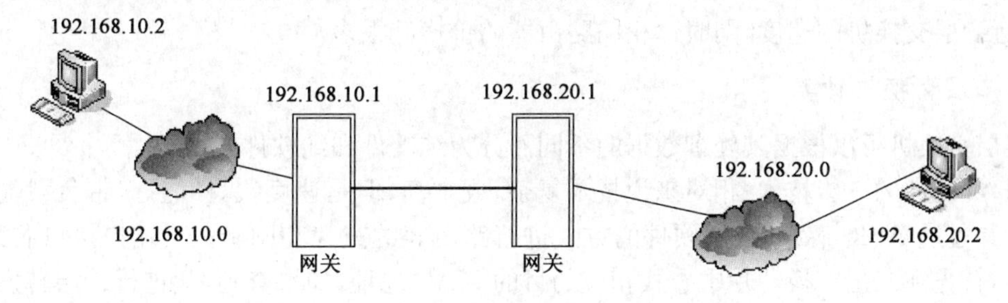

图 7-9　通过网关转发网间数据

常见的网关包括以下几种：

(1)电子邮件网关；

(2)IBM 主机网关；

(3)因特网网关；

(4)局域网网关。

三、三层交换机

1. 三层交换机的概念

三层交换机就是具有(网络层)部分路由器功能的(二层)交换机，三层交换机最重要目的是加快大型局域网内部的数据交换，所具有的路由功能也是为这目的服务的，能够做到一次路由，多次转发。

2. 三层交换技术

三层交换技术即IP交换技术，也称为多层交换技术，是相对于传统交换概念而提出的。传统的交换技术是在OSI参考模型中的第二层—数据链路层实现的，而三层交换技术是在OSI参考模型中的网络层实现数据包的高速转发，是二层交换技术和三层转发技术的结合。

3. 三层交换机的工作原理

对于数据包转发等规律性的过程由硬件高速实现，而路由信息更新、路由表维护、路由计算、路由确定等功能则由软件实现。

工作原理：假设使用IP协议的两个站点A和B通过三层交换机进行通信，站点A向站点B发送数据。在开始发送时，站点A把自己的IP地址与站点B的IP地址相比较，判断两个站点是否在同一子网中。如果两个站点在同一个子网中就进行二层交换。如果两个站点不在同一子网中，站点A向"默认网关"发出ARP请求报文，这个"默认网关"的IP地址其实是三层交换机的IP地址。当站点A对"默认网关"的IP地址广播出一个ARP请求时，如果三层交换机在以前的通信过程中已经知道站点B的MAC地址，则向发送站点A回复站点B的MAC地址。否则三层交换机根据路由信息向站点B所在的网络广播一个ARP请求，站点B得到此ARP请求后向三层交换机回复其MAC地址，三层交换机保存此地址并回复给发送站A，同时将B站的MAC地址发送到二层交换机使用的MAC地址表中。此后，当站点A向站点B发送的数据包时，便全部交给二层交换进行处理，信息得以高速交换。由于仅仅在路由过程中才需要三层技术处理，绝大部分数据都通过二层交换机转发，因此三层交换机的速度很快，接近二层交换机的速度，同时比相同路由器的价格低很多。

4. 三层交换机种类

三层交换机可以根据其处理数据的不同而分为纯硬件和纯软件两大类。

(1)纯硬件的三层技术：相对来说技术复杂，成本高，但是速度快，性能好，带负载能力强，其原理是通过ASIC芯片，采用硬件的方式进行路由表的查找和刷新。当端口接口芯片接收数据后，首先在二层交换芯片中查找相应的目的MAC地址，如果查到，就进行二层转发，否则将数据送至三层引擎。在三层引擎中，ASIC芯片查找相应的路由表信息，与数据的目的IP地址相比对，然后发送ARP数据包到目的主机，得到该主机的MAC地址，将MAC地址发到二层芯片，由二层芯片转发该数据包。

(2)纯软件的三层交换机技术：相对较简单，但速度较慢，不适合作为主干，其原理是CPU采用软件的方式查找和刷新路由表。

5. 三层交换机的使用方法

三层交换机的路由功能没有同一档次的专业路由器强。在网络流量很大的情况下，如果三层交换机既作网内的交换，又作网间的路由，则必然会增加它的负担，影响其响应速度。此时，应使用三层交换机作网内的交换，用路由器专门负责网间的路由工作，二者配合可以充分发挥不同设备的优势。

第四节　网络设备之间的区别

一、集线器与交换机的区别

（1）从 OSI 体系结构来看，集线器属于 OSI 的第一层物理层设备，而交换机属于 OSI 的第二层数据链路层设备。这就意味着集线器只是对数据的传输起到同步、放大和整形的作用，对数据传输中的短帧、碎片等无法进行有效处理，不能保证数据传输的完整性和正确性；而交换机不但可以对数据的传输做到同步、放大和整形，而且可以过滤短帧、碎片等。

（2）从工作方式来看，集线器是一种广播模式，集线器的某个端口工作的时候其他所有端口都有可能收听到信息，容易产生广播风暴，当网络较大的时，网络性能会受到较大影响。交换机则能够解决广播产生的影响，当交换机工作时，只有发出请求的端口和目的端口之间相互响应，而不影响其他端口，交换机可隔离冲突域并有效抑制广播风暴的产生。

（3）从带宽来看，集线器所有端口都共享一条带宽，在同一时刻只能有两个端口传送数据，其他端口只能等待；同时集线器只能工作在半双工模式下。对于交换机而言，每个端口都有一条独占的带宽，当两个端口工作时并不影响其他端口的工作，同时交换机不但可以工作在半双工模式下，也可以工作在全双工模式下。

二、交换机和路由器的区别

（1）回路情况，根据交换机地址学习和站表建立算法，交换机之间不允许存在回路。一旦存在回路，必须启动生成树算法，阻塞产生回路的端口。而路由器的路由协议没有这个问题，路由器之间可以有多条通路来平衡负载，提高可靠性。

（2）负载集中，交换机之间只能有一条通路，使得信息集中在一条通信链路上，不能进行动态分配以平衡负载。而路由器的路由协议算法可以避免这一点，OSPF 路由协议算法不但能产生多条路由，而且能为不同的网络应用选择各自不同的最佳路由。

（3）广播控制，交换机只能缩小冲突域，而不能缩小广播域。整个交换式网络就是一个大的广播域，广播报文散布到整个交换式网络。而路由器可以隔离广播域，广播报文不能通过路由器继续进行广播。

（4）子网划分，交换机只能识别 MAC 地址。MAC 地址是物理地址，而且采用平坦的地址结构，因此不能根据 MAC 地址来划分子网。而路由器识别 IP 地址，IP 地址由网络管理员分配，是逻辑地址，且 IP 地址具有层次结构，被划分成网络号和主机号，可以非常方便地用于划分子网，路由器的主要功能就是用于连接不同的网络。

（5）保密问题，虽然交换机也可以根据帧的源 MAC 地址、目的 MAC 地址和其他帧中内容对帧实施过滤，但路由器是根据报文的源 IP 地址、目的 IP 地址、TCP 端口地址等内容对报文实施过滤，更加直观方便。

第八章　信息网络安全

随着计算机网络的发展，网络中的安全问题也日趋严重。当网络的用户来自社会各个阶层与部门时，大量在网络中存储和传输的数据就需要保护。

由于计算机网络安全是另一门专业学科，所以本章只对计算机网络安全问题的基本内容进行初步介绍。

第一节　网络安全问题概述

本节讨论计算机网络面临的安全性威胁、安全的内容和一般的数据加密模型。

一、计算机网络面临的安全性威胁

计算机网络上的通信面临以下四种威胁：

截获(interception)，攻击者从网络上窃听他人的通信内容。

中断(interruption)，攻击者有意中断他人在网络上的通信。

篡改(modification)，攻击者故意篡改网络上传送的报文。

伪造(fabrication)，攻击者伪造信息在网络上传送。

上述四种威胁可划分为两大类，即被动攻击和主动攻击(图 8-1)。截获信息的攻击称为被动攻击，而中断、篡改和伪造信息的攻击称为主动攻击。

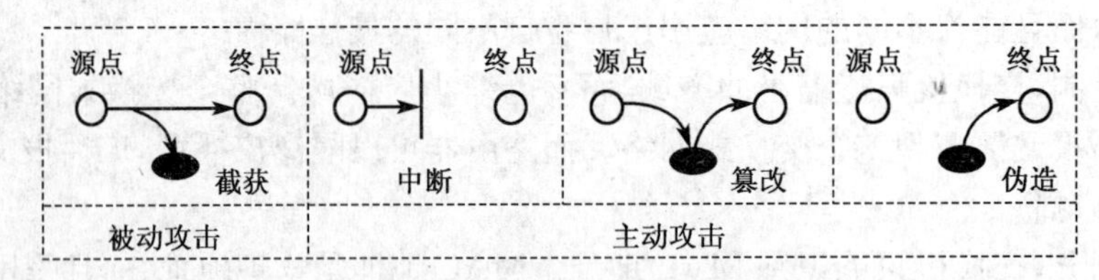

图 8-1　对网络的被动攻击和主动攻击

1. 被动攻击(流量分析)

在被动攻击中，攻击者只是观察和分析某一个协议数据单元 PDU 而不干扰信息流。即使这些数据对攻击者来说是不易理解的，他也可通过观察 PDU 的协议控制信息部分，了解正在通信的协议实体的地址和身份，研究 PDU 的长度和传输的频度，以了解所交换的数据的某种性质。这种被动攻击又称为流量分析。

2. 主动攻击

主动攻击是指攻击者对某个连接中通过的 PDU 进行各种处理。如有选择地更改、删除、延迟这些 PDU(记录和复制它们),还可在稍后的时间将以前录下的 PDU 插入这个连接(即重放攻击),甚至还可将合成的或伪造的 PDU 送入到一个连接中去。

所有主动攻击都是上述几种方法的某种组合。但从类型上看,主动攻击又可进一步划分为三种,即:

(1)更改报文流。包括对通过连接的 PDU 的真实性、完整性和有序性的攻击。

(2)拒绝服务。指攻击者向因特网上的服务器不停地发送大量分组,使因特网或服务器无法提供正常服务。若从因特网上成百上千的网站集中攻击一个网站,则称为分布式拒绝服务,有时也把这种攻击称为网络带宽攻击或连通性攻击。

(3)伪造连接初始化。攻击者重放以前被记录的合法连接初始化序列,或者伪造身份而企图建立连接。

3. 网络安全的五个目标

对于被动攻击,通常无法检测,可采用各种数据加密技术确保数据安全;对于主动攻击,需将加密技术与适当的鉴别技术相结合。根据这些特点,可得出计算机网络通信安全的五个目标如下:

(1)防止析出报文内容。

(2)防止流量分析。

(3)检测更改报文流。

(4)检测拒绝报文服务。

(5)检测伪造初始化连接。

4. 常见计算机恶意程序

恶意程序的攻击是一种特殊的主动攻击,恶意程序种类繁多,对网络安全威胁较大的主要有以下几种:

(1)计算机病毒,一种会"传染"其他程序的程序,"传染"是通过修改其他程序来把自身或其变种复制完成的。

(2)计算机蠕虫,一种通过网络的通信功能将自身从一个结点发送到另一个结点并自动启动运行的程序。

(3)特洛伊木马,一种程序,它执行的功能并非所声称的功能而是某种恶意的功能。如一个编译程序除了执行编译任务以外,还把用户的源程序偷偷地复制下来,则这种编译程序就是一种特洛伊木马。计算机病毒有时也以特洛伊木马的形式出现。

(4)逻辑炸弹,一种当运行环境满足某种特定条件时执行其他特殊功能的程序。如一个编辑程序,平时运行得很好,但当系统时间为 13 日又为星期五时,它删去系统中所有的文件,这种程序就是一种逻辑炸弹。

二、计算机网络安全的内容

计算机网络安全主要有以下一些内容。

1. 保密性

为用户提供安全可靠的保密通信是计算机网络安全最为重要的内容。尽管计算机网络安全不仅仅局限于保密性，但不能提供保密性的网络肯定是不安全的。网络的保密性机制除为用户提供保密通信以外，也是许多其他安全机制的基础。

2. 安全协议的设计

人们一直希望能设计出一种安全的计算机网络，但不幸的是，网络的安全性是不可判定的。目前在安全协议的设计方面，主要是针对具体的攻击(如假冒)设计安全的通信协议。

3. 访问控制

访问控制也称为存取控制或接入控制。由于网络是个非常复杂的系统，其访问控制机制比操作系统的访问控制机制更复杂，尤其在更高级别安全的多级安全情况下更是如此。必须对接入网络的权限加以控制，并规定每个用户的接入权限。

所有上述计算机网络安全的内容都与密码技术紧密相关。如在保密通信中，要用加密算法来对消息进行加密，以对抗可能的窃听。安全协议中的一个重要内容就是论证协议所采用的加密算法的强度。在访问控制系统的设计中，也要用到加密技术。

三、一般的数据加密模型

一般的数据加密模型如图 8-2 所示。用户 A 向 B 发送明文 X，但通过加密算法 E 运算后，就得到密文 Y。

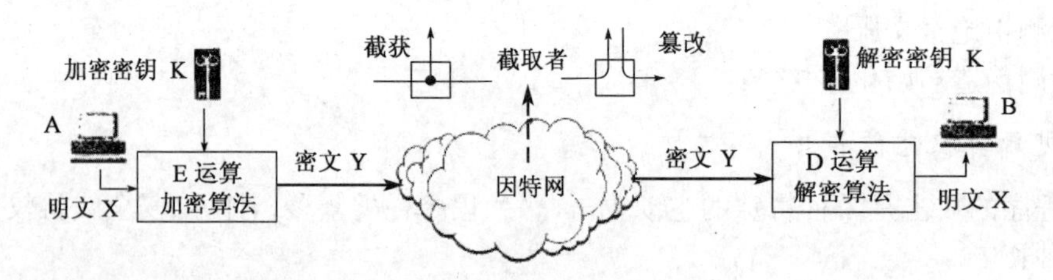

图 8-2　一般数据加密模型

图中所示的加密和解密用的密钥 K(key)是一串秘密的字符串(或比特串)。公式(8-1)就是明文通过加密算法变成密文的一般表示方法。

$$Y=E_K(X) \tag{8-1}$$

$$D_K(Y)=D_K[E_K(X)]=X \tag{8-2}$$

式(8-2)表示接收端利用解密算法 D 运算和解密密钥 K，解出明文 X。解密算法是加密算法的逆运算。在进行解密运算时，如果不使用事先约定好的密钥则无法解出明文。

这里我们假定加密密钥和解密密钥都是一样的。但实际上它们可以是不一样的(即使不一样，这两个密钥也必然有某种相关性)。

第二节　两类密码体制

一、对称密钥密码体制

所谓对称密钥密码体制，即加密密钥与解密密钥是相同的密码体制。

数据加密标准 DES 属于对称密钥密码体制，是一种分组密码。在加密前，先对整个的明文进行分组。每一个组为 64 位长的二进制数据。然后对每一个 64 位二进制数据进行加密处理，产生一组 64 位密文数据。最后将各组密文串接起来，即得出整个的密文。使用的密钥为 64 位(实际密钥长度为 56 位，有 8 位用于奇偶校验)。

DES 的保密性仅取决于对密钥的保密，而算法是公开的。目前较为严重的问题是 DES 的密钥长度。56 位长的密钥意味着共有 2^{56} 种可能的密钥。假设一台计算机 1μs 可执行一次 DES 加密，同时假定平均只需搜索密钥空间的一半即可找到密钥，那么破译 DES 要超过 1000 年。

在 DES 之后出现了国际数据加密算法 IDEA。IDEA 使用 128 位密钥，因而更不容易被攻破。计算指出，当密钥长度为 128 位时，若每微秒可搜索一百万次，则破译 IDEA 密码需要花费 5.4×10^{18} 年。

二、公钥密码体制

公钥密码体制(又称为公开密钥密码体制)使用不同的加密密钥与解密密钥。

公钥密码体制的产生主要是两个方面的原因：一是由于对称密钥密码体制的密钥分配问题；二是由于对数字签名的需求。

在对称密钥密码体制中，加解密的双方使用的是相同的密钥。但怎样才能做到这一点呢？一种是事先约定，另一种是利用信使传送。在高度自动化的大型计算机网络中，用信使传送密钥显然是不合适的。如果事先约定密钥，就会给密钥的管理和更换都带来了极大的不便。

对数字签名的强烈需要也是产生公钥密码体制的一个原因。在许多应用中，人们需要对纯数字的电子信息进行签名，表明该信息确实是某个特定的人产生的。

公钥密码体制提出不久，人们就找到了三种公钥密码体制。目前最著名的是由美国三位科学家 Rivest、Shamir 和 Adleman 于 1976 年提出并于 1978 年正式发表的 RSA 体制，它是基于数论中的大数分解问题的体制。

在公钥密码体制中，加密密钥 PK(public key，即公钥)是向公众公开的，而解密密钥 SK (secret key，即私钥或秘钥)则是需要保密的。加密算法 E 和解密算法 D 也都是公开的。

请注意，加密方法的安全性取决于密钥的长度，以及攻破密文所需的计算量，而不是简单地取决于加密的体制(公钥密码体制或传统加密体制)。

第三节　数字签名

书信或文件是根据亲笔签名或印章来证明其真实性。但在计算机网络中传送的文电又如何盖章呢？这就要使用数字签名。数字签名必须保证能够实现以下三点功能：

(1)报文鉴别　接收者能够核实发送者对报文的签名。也就是说，接收者能够确信该报文的确是发送者发送的，其他人无法伪造对报文的签名。

(2)报文的完整性　接收者确信所收到的数据和发送者发送的完全一样而没有被篡改过。

(3)不可否认　发送者事后不能抵赖对报文的签名。

现在已有多种实现数字签名的方法。但采用公钥算法要比采用对称密钥算法更容易实现。

第四节 鉴 别

在网络的应用中，鉴别是网络安全中一个很重要的问题。鉴别和加密并不相同。鉴别是要验证通信的对方的确是自己所要通信的对象，而不是其他的冒充者。鉴别可分为两种：一种是报文鉴别，即所收到的报文的确是报文的发送者所发送的，而不是其他人伪造的或篡改的；另一种是实体鉴别，实体可以是一个人，也可以是一个进程(客户或服务器)。

一、报文鉴别

许多报文并不需要加密但却需要数字签名，以便让报文的接收者能够鉴别报文的真伪。然而对很长的报文进行数字签名会增加计算机负担。因此，当传送不需要加密的报文时，应当使接收者能用很简单的方法鉴别报文的真伪。

报文摘要是进行报文鉴别的简单方法。如图 8－3 所示，A 把较长的报文 X 经过报文摘要算法运算后得到很短的报文摘要 H。然后用自己的私钥对 H 进行 D 运算，即进行数字签名。得到已签名的报文摘要 D(H)后，并将其追加在报文 X 后面发送给 B。B 收到报文后首先把已签名的 D(H)和报文 X 分离。然后用 A 的公钥对 D(H)进行 E 运算，得到报文摘要 H。最后，对报文 X 进行报文摘要运算，看是否能够得出同样的报文摘要 H。如一样，就能以极高的概率断定收到的报文是 A 产生的，否则就不是。报文摘要的优点为：仅对短得多的定长报文摘要 H 进行数字签名要比对整个长报文进行数字签名要简单得多，所耗费的计算资源也小得多，但对鉴别报文 X 来说，效果是一样的。也就是说，报文 X 和已签名的报文摘要 D(H)合在一起是不可伪造的，是可检验的、不可否认的。

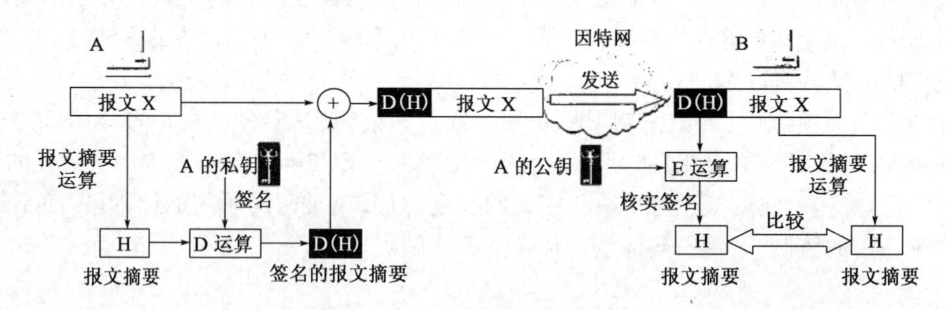

图 8－3 用报文摘要鉴别报文

RFC 1321 提出的报文摘要算法 MD5 已获得广泛应用，其可对任意长的报文进行运算，然后得到 128 位的 MD5 报文摘要代码。

安全散列算法(Secure Hash Algorithm，SHA)，与 MD5 相似，但码长为 160 位。SHA 也是用 512 位长的数据块经过复杂运算得出的。SHA 比 MD5 更安全，但计算起来却比 MD5 要慢些。

二、实体鉴定

实体鉴别和报文鉴别不同。报文鉴别是对每一个收到的报文都要鉴别报文的发送者，而实体鉴别只需在系统接入的全部持续时间内对和自己通信的对方实体验证一次。

最简单的实体鉴别过程如图 8-4 所示。在图中的 A 向远端的 B 发送有自己的身份 A（例如 A 的姓名）和口令的报文，并且使用双方约定好的共享对称密钥 K_{AB}进行加密。图中 A 发送给 B 的报文的左上方的小锁表示报文已被加密，而加密用的对称密钥 K_{AB}就标注在小锁的左边。B 收到此报文后，用共享对称密钥 K_{AB}进行解密，因而鉴别了实体 A 的身份。

然而这种简单的鉴别方法具有明显的漏洞。例如，入侵者 C 可以从网络上截获 A 发给 B 的报文。C 并不需要破译这个报文而可以直接把这个由 A 加密的报文发送给 B，使 B 误认为 C 就是 A。然后 B 就向伪装是 A 的 C 发送许多本来应当发给 A 的报文，称为重放攻击（replay attack）。C 甚至还可以截获 A 的 IP 地址，然后把 A 的 IP 地址冒充为自己的 IP 地址（IP 欺骗），使 B 更加容易受骗。

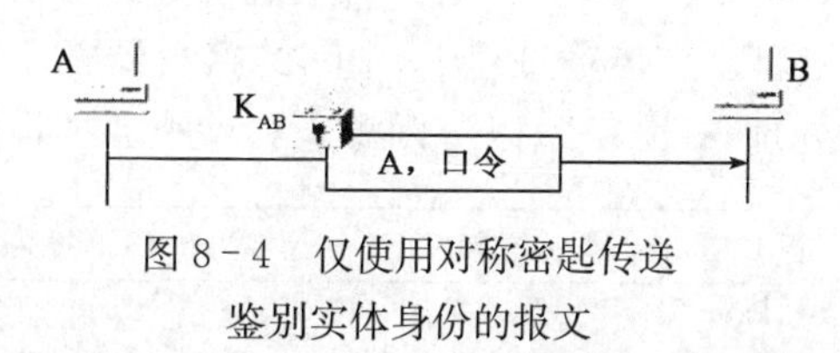

图 8-4　仅使用对称密匙传送鉴别实体身份的报文

为了对付重放攻击，可以使用不重数。不重数就是一个不重复使用的大随机数，即“一次一数”。在鉴别过程中不重数可以使 B 能够区分重复的鉴别请求和新的鉴别请求。

第五节　因特网使用的安全协议

目前在网络层、运输层和应用层都有相应的网络安全协议。下面分别介绍这些协议的要点。

一、网络层的安全协议

1. IPsec 与安全关联 SA

IPsec 就是“IP 安全（Security）协议”的缩写。网络层保密是指所有在 IP 数据报中的数据都是加密的。此外，网络层还应提供源点鉴别，即当目的站收到 IP 数据报时，能确信这是从该数据报的源 IP 地址的主机发来的。在 IPsec 中最主要的两个协议为：鉴别首部（Authentication Header，AH）协议和封装安全有效载荷（Encapsulation Security Payload，ESP）协议。AH 提供源点鉴别和数据完整性，但不能保密。而 ESP 比 AH 复杂得多，它提供源点鉴别、数据完整性和保密。IPsec 支持 IPv4 和 IPv6，但在 IPv6 中，AH 和 ESP 都是扩展首部的一部分。

在使用 AH 或 ESP 之前，首先要从源主机到目的主机建立一条网络层的逻辑连接。此逻辑连接也称为安全关联（Security Association，SA）。这样，IPsec 就把传统的因特网无连接的网络层转换为具有逻辑连接的层。安全关联是一个单向连接，如进行双向的安全通信则需要建立两个安全关联。一个安全关联 SA 由一个三元组唯一地确定，它包括：

（1）安全协议（使用 AH 或 ESP 协议）的标识符。

（2）此单向连接的目的 IP 地址。

（3）一个 32 位的连接标识符，称为安全参数索引（Security Parameter Index，SPI）。

对于一个给定的安全关联 SA，每一个 IPsec 数据报都有一个存放 SPI 的字段。通过此 SA 的所有数据报都使用同样的 SPI 值。

2. 鉴别首部协议 AH

在使用鉴别首部协议 AH 时，把 AH 首部插在原数据报数据部分的前面，同时将 IP 首部中的协议字段置为 51(图 8－5)，此字段原来是为了区分在数据部分是何种协议(如 TCP、UDP 或 ICMP)。当目的主机检查到协议字段为 51 时，就知道在 IP 首部后面紧接着的是 AH 首部。在传输过程中，中间的路由器都不查看 AH 首部。当数据报到达终点时，目的主机才处理 AH 字段，以鉴别源点和检查数据报的完整性。

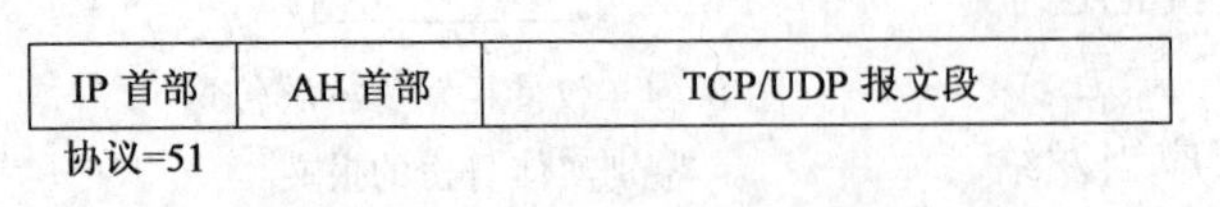

图 8－5　AH 首部在安全数据报的位置

AH 首部具有如下的一些字段：

(1)下一个首部(8 位)。标志紧接着本首部的下一个首部的类型(如 TCP 或 UDP)。

(2)有效载荷长度(8 位)。即鉴别数据字段的长度，以 32 位字为单位。

(3)安全参数索引 SPI(32 位)。标志一个安全关联。

(4)序号(32 位)。鉴别数据字段的长度，以 32 位字为单位。

(5)保留(16 位)。为今后用。

(6)鉴别数据(可变)。为 32 位字的整数倍，包含了经数字签名的报文摘要(对原来的数据报进行报文摘要运算)，因此可用来鉴别源主机和检查 IP 数据报的完整性。

3. 封装安全有效载荷协议 ESP

使用 ESP 时，IP 数据报首部的协议字段置为 50。当目的主机检查到协议字段为 50 时，就知道在 IP 首部后面紧接着的是 ESP 首部，同时在原 IP 数据报后面增加了两个字段，即 ESP 尾部和 ESP 数据。在 ESP 首部中，有标志一个安全关联的安全参数索引 SPI(32 位)和序号(32 位)。在 ESP 尾部中有下一个首部(8 位，作用和 AH 首部的一样)。ESP 尾部和原来数据报的数据部分一起进行加密(图 8－6)，因此攻击者无法得知所使用的运输层协议(它在 IP 数据报的数据部分中)。ESP 的鉴别数据和 AH 中的鉴别数据的作用是一样的。因此，用 ESP 封装的数据报既有鉴别源点和检查数据报完整性的功能，又能提供保密。

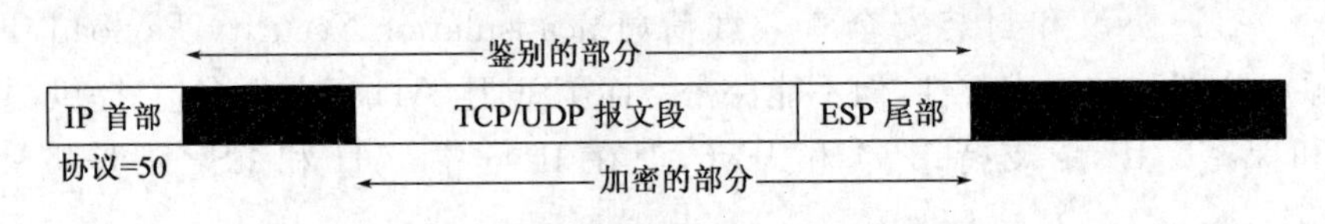

图 8－6　在 IP 数据报中的 ESP 的学习

二、运输层的安全协议

在运输层使用的安全协议是安全套接层(Secure Socket Layer，SSL)协议。SSL 是 Netscape 公司在 1994 年开发用于万维网的安全协议，最新版本为 1996 年的 SSL 3.0。后来，IETF 在 SSL 的基础上设计了运输层安全协议(Transport Layer Security，TLS)，它是 SSL 的非专有版本。

用户通过浏览器在进行网上购物时，需要以下的一些安全措施：

(1)顾客需要确知，所浏览的服务器属于真正的厂商而不是假冒的厂商。例如，顾客不愿意假冒的厂商在他的信用卡上把钱取走。换言之，服务器必须被鉴别。

(2)顾客需要确知，购物报文在传输过程中没有被篡改。100元的账单一定不能被篡改为1000元的账单。报文的完整性必须保留。

(3)顾客需要确知，因特网的入侵者不能截获如信用卡号这样的敏感信息。这就需要对购物的报文进行保密。

1. 安全套接层SSL协议

SSL可对万维网客户与服务器之间传送的数据进行加密和鉴别。它在双方的联络阶段(也就是握手阶段)对将要使用的加密算法(如用DES或RSA)和双方共享的会话密钥进行协商，完成客户与服务器之间的鉴别。在联络阶段完成之后，所有传送的数据都使用在联络阶段商定的会话密钥。SSL不仅被所有常用的浏览器和万维网服务器所支持，而且也是运输层安全协议TLS的基础。

SSL并不仅限于万维网的应用，还可用于IMAP邮件存取的鉴别和数据加密。SSL位于应用层和运输层(TCP)之间。在发送方，SSL接收应用层的数据(如HTTP或IMAP报文)，对数据进行加密，然后把加密的数据送往TCP套接字。在接收方，SSL从TCP套接字读取数据，解密后把数据交给应用层。

2. SSL协议的功能

SSL提供以下三个功能：

1)SSL服务器鉴别

允许用户证实服务器的身份。具有SSL功能的浏览器维持一个表，上面有一些可信的认证中心CA及其公钥。当浏览器要和一个具有SSL功能的服务器进行商务活动时，浏览器就从服务器得到含有服务器公钥的证书。此证书由某个认证中心CA发出(此CA在客户的表中)。这就使得客户在提交其信用卡之前能够鉴别服务器的身份。

2)加密的SSL会话

客户和服务器交互的所有数据都在发送方加密，在接收方解密。SSL还提供了一种检测信息是否被攻击者篡改的机制。

3)SSL客户鉴别

允许服务器证实客户的身份，这个信息对服务器是重要的。例如，当银行把有关财务的保密信息发送给客户时，就必须检验接收者的身份。

3. SSL协议的工作原理

假定A有一个使用SSL的安全网页，B上网时用鼠标点击到这个安全网页的链接(这种安全网页的URL的协议部分不是http而是https)。接着，服务器和浏览器就进行握手协议，其主要过程如下：

(1)浏览器向服务器发送浏览器的SSL版本号和密码编码的参数选择(因为浏览器和服务器要协商使用哪一种对称密钥算法)。

(2)服务器向浏览器发送服务器的SSL版本号、密码编码的参数选择及服务器的证书。证书包括服务器的 RSA 公钥。此证书是由某个认证中心用自己的密钥加密，然后发送给该服务器。

(3)浏览器有一个可信的 CA 表，表中有每一个 CA 的公钥。当浏览器收到服务器发来的证书时，就检查此证书的发行者是否在自己的可信的 CA 表中。如不在，则后面的加密和鉴别连接就无法进行；如在，浏览器就使用 CA 相应的公钥对证书解密，这样就得到了服务器的公钥。

(4)浏览器随机地产生一个对称会话密钥，并用服务器的公钥加密，然后将加密的会话密钥发送给服务器。

(5)浏览器向服务器发送一个报文，说明以后浏览器将使用此会话密钥进行加密。然后浏览器再向服务器发送一个单独的加密报文，指出浏览器端的握手过程已经完成。

(6)服务器也向浏览器发送一个报文，说明以后服务器将使用此会话密钥进行加密，然后服务器再向浏览器发送一个单独的加密报文，指出服务器端的握手过程已经完成。

(7)SSL 的握手过程至此已经完成，下面就可开始 SSL 的会话过程。浏览器和服务器都使用这个会话密钥对所发送的报文进行加密。

由于 SSL 简单且开发得较早，因此目前已在因特网商务中得到广泛应用。但 SSL 并非专门为信用卡交易而设计的，它只是在客户与服务器之间提供了一般的安全通信。SSL 还缺少一些措施来防止在因特网商务中出现各种可能的欺骗行为。

三、应用层的安全协议

在应用层实现安全比较简单，特别是当因特网的通信只涉及两方时，例如电子邮件和 TELNET 的情况。下面介绍两种用于电子邮件的安全协议。

1. PGP 协议

电子邮件在传送过程中可能要经过许多路由器，其中的任何一个路由器都有可能对转发的邮件进行阅读。从这个意义上讲，电子邮件没有什么隐私可言。PGP(Pretty Good Privacy)是 1995 年开发的，它是一个完整的电子邮件安全软件包，包括加密、鉴别、电子签名和压缩等技术。PGP 并没有使用什么新的概念，它只是把现有的一些加密算法(如 RSA 公钥加密算法或 MD5 报文摘要算法)综合而已。由于包括源程序的整个软件包可以从因特网免费下载，因此 PGP 在 MS-DOS/Windows 及 UNIX 等平台上得到广泛应用。但是如果要将 PGP 用于商业，那么还需要到指定网站获得商用许可证才行。

值得注意的是，虽然 PGP 已被广泛使用，但 PGP 并不是因特网的正式标准。

PGP 的工作原理：

假定 A 向 B 发送电子邮件明文 X，现在用 PGP 进行加密。A 有三个密钥：自己的私钥、B 的公钥和自己生成的一次性密钥。B 有两个密钥：自己的私钥和 A 的公钥。

A 需要做以下几件事：

(1)对明文 X 进行 MD5 报文摘要运算，得到报文摘要 H。用自己的私钥对 H 进行数字签名，得到签了名的报文摘要 D(H)，把它拼接在明文 X 后面，得到报文[X+D(H)]。

(2)使用自己生成的一次性密钥对报文[X+D(H)]进行加密。

(3)用 B 的公钥对自己生成的一次性密钥进行加密。

(4)把加密的一次性密钥和加密的报文[X+D(H)]发送给B。请注意,以上这两个项目的加密密钥是不一样的。A的一次性密钥是用B的公钥加密的,而报文[X+D(H)]是用A的一次性密钥加密的。

B收到加密的报文后要做以下几件事:

(1)将被加密的一次性密钥和被加密的报文[X+D(H)]分离开。

(2)用自己的私钥解出A的一次性密钥。

(3)用解出的一次性密钥对报文[X+D(H)]进行解密,然后分离出明文X和D(H)。

(4)用A的公钥对D(H)进行签名核实,得到报文摘要H。

(5)对X进行报文摘要运算,得到报文摘要,判断是否与H一样。如一样,则电子邮件的发送方鉴别通过,报文的完整性也得到肯定。

PGP很难被攻破,因此可以认为PGP是足够安全的。密钥管理是PGP系统的一个关键,每个用户在其所在地要维持两个数据结构:私钥环和公钥环。私钥环包括一个或几个用户自己的秘钥-公钥对。这样做是为了使用户可经常更换自己的密钥。每一对密钥有对应的标识符。发信人将此标识符通知收信人,使收信人知道应当用哪一个公钥进行解密。公钥环包括用户的一些经常通信对象的公钥。

2. PEM协议

PEM(Privacy Enhanced Mail)是因特网的邮件加密建议标准,由四个RFC文档来描述:

(1)RFC 1421:报文加密与鉴别过程。

(2)RFC 1422:基于证书的密钥管理。

(3)RFC 1423: PEM的算法、工作方式和标识符。

(4)RFC 1424:密钥证书和相关的服务。

PEM的功能和PGP相似,都是对基于【RFC 822】的电子邮件进行加密和鉴别。

PEM有比PGP更加完善的密钥管理机制。由认证中心发布证书,上面有用户姓名、公钥以及密钥的使用期限,每个证书有一个唯一的序号,证书还包括用认证中心秘钥签名的MD5散列函数。

PGP也有类似的密钥管理机制(但PGP没有使用X.509),但用户是否信任这种认证中心呢?PEM对这个问题解决的方法是设立一些政策认证中心来证明这些证书,然后由因特网政策登记管理机构对这些PCA进行认证。

第六节　链路加密与端到端加密

从网络传输的角度看,通常有两种不同的加密策略,即链路加密与端到端加密。现分别讨论如下:

一、链路加密

在采用链路加密的网络中,每条通信链路上的加密是独立实现的。通常对每条链路使用不同的加密密钥(图8-7,图中的E和D分别表示加密和解密运算)。当某条链路受到破坏时不会导致其他链路上传送的信息被析出。由于协议数据单元PDU中的协议控制信息和数据都被加密,这就掩盖了源点和终点的地址。若在结点间保持连续的密文序列,则PDU的频度和长度也能得到掩盖。这样就能防止各种形式的流量分析。由于不需要传送额外的数据,采用这种技术不会减少网络的有效带宽。由于只要求相邻结点之间具有相同的密钥,因而密钥管理易于实现。链路加密对用户来说是透明的。

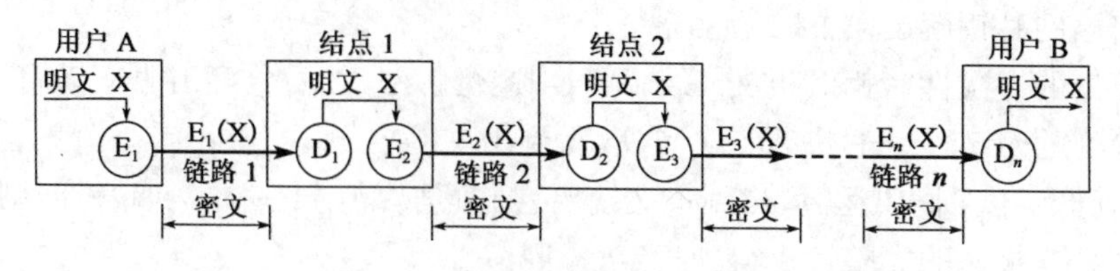

图 8-7　链路加密

由于报文是以明文形式在各结点内加密,所以结点本身必须是安全的。一般认为网络的源点和终点在物理上都是安全的,但所有的中间结点(包括可能经过的路由器)则未必安全。因此必须采取有效措施。对于采用动态自适应路由的网络,一个被攻击者掌握的结点可以设法更改路由使有意义的PDU经过此结点,这样将导致大量信息的泄露,因而对整个网络的安全造成威胁。

链路加密的最大缺点是在中间结点暴露了信息的内容。在网络互联的情况下,仅采用链路加密无法实现通信安全。此外,链路加密也不适用于广播网络,因为它的通信子网不存在明确的链路。若将整个PDU加密将造成无法确定接收者和发送者。由于上述原因,除非采取其他措施,否则在网络环境中链路加密将受到很大的限制,可能只适用于局部数据的保护。

二、端到端加密

端到端加密是在源点和终点中对传送的PDU进行加密和解密,其过程如图8-8所示。可以看出,报文的安全性不会因中间结点的不可靠而受到影响。

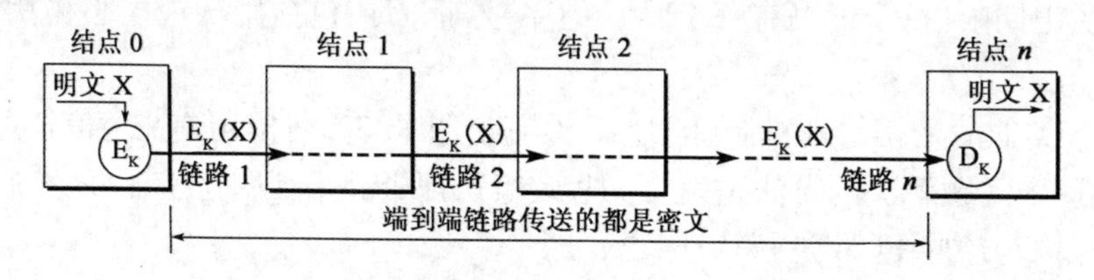

图 8-8　端到端加密

端到端加密应在运输层或其以上各层来实现。若选择在运输层进行加密,可以使安全措施对用户来说是透明的。这样可不必为每一个用户提供单独的安全保护,但容易遭受运输层以上的攻击;当选择在应用层实现加密时,用户可根据自己的特殊要求来选择不同的加密算法,而不会影响其他用户。这样,端到端加密更容易适合不同用户的要求。端到端加密不仅适用于互联网环境,而且同样也适用于广播网。

在端到端加密的情况下,PDU的控制信息部分(如源点地址、终点地址、路由信息等)不能被加密,否则中间结点就不能正确选择路由,因此易受到流量分析的攻击。虽然也可以通过发送一些假的PDU来掩盖有意义的报文流动(这称为报文填充),但这要以降低网络性能为代价。若各结点都使用对称密钥体制，则各结点必须持有与其他结点相同的密钥，这就需要在全网范围内进行密钥管理和分配。

为了获得更好的安全性，可将链路加密与端到端加密结合在一起使用。链路加密用来对PDU的目的地址进行加密，而端到端加密则提供了对端到端的数据进行保护。

第七节　防　火　墙

防火墙是一种特殊编程的路由器，安装在一个网点和网络的其余部分之间，目的是实施访问控制策略。访问控制策略由使用防火墙的单位自行制定，安全策略应当最适合本单位的需要。图8-9指出防火墙位于因特网和内部网络之间。因特网位于防火墙的外部，而内部网络位于防火墙的内部。一般都把防火墙内部的网络称为"可信的网络"，而把防火墙外部的网络称为"不可信的网络"。

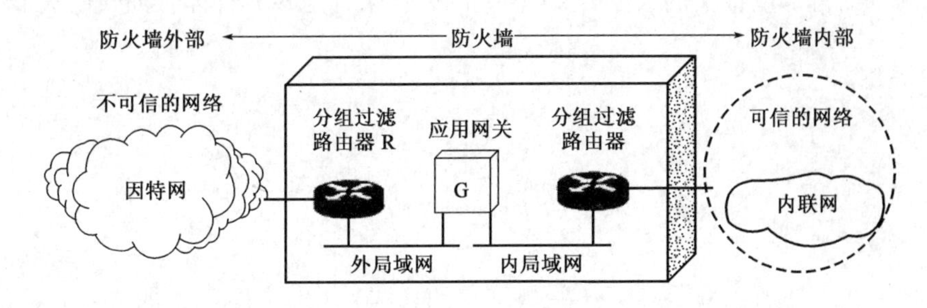

图8-9　防火墙在互联网络中的位置

防火墙有两个功能：阻止和允许。"阻止"就是阻止某种类型的流量通过防火墙（从外部网络到内部网络，或反过来）。"允许"的功能与"阻止"恰好相反。可见防火墙必须能够识别流量的各种类型。不过在大多数情况下防火墙的主要功能是"阻止"。

但是，"绝对阻止所不希望的通信"和"绝对防止信息泄露"一样，是很难做到的。直接使用一个商用的防火墙往往不能得到所需要的保护，但适当配置防火墙则可将安全风险降低到可接受的水平。

防火墙技术一般分为两类，即：

(1)网络级防火墙，主要用于防止整个网络出现外来非法的入侵。属于这类的有分组过滤(packet filtering)和授权服务器(authorization server)。前者检查所有流入本网络的信息，然后拒绝不符合事先制定好的一套准则的数据，而后者则是检查用户的登录是否合法。

(2)应用级防火墙，从应用程序进行访问控制。通常使用应用网关或代理服务器(proxy server)区分各种应用。例如，可以只允许通过访问万维网的应用，而阻止FTP应用的通过。

图6-16所示防火墙就同时具有这两种技术。它包括两个分组过滤路由器和一个应用网关，通过两个局域网连接在一起。

这两个分组过滤路由器都是标准的路由器，但增加对每一个通过的分组进行检查的功能。这两个路由器中的一个专门检查进入内联网的分组，而另一个则检查出去的分组。符合条件的分组通过，否则就丢弃。使用两个局域网可以使得穿过防火墙的各种分组必须经过分组过滤路由器和应用网关的检查，而没有任何其他的路径。

分组过滤是靠查找系统管理员所设置的表格来实现的。表格列出了可接受的，或必须进行阻挡的目的站和源站，以及其他的一些通过防火墙的规则。

TCP 的端口号指出了在 TCP 上面的应用层服务。例如，端口号 23 是 TELNET，端口号 119 是 USENET 等。所以如果在分组过滤路由器中将目的端口号为 23 的入分组(incoming packet)都进行阻拦，那么所有外单位用户就不能使用 TELNET 登录到本单位的主机。同理，如果某公司不愿意其雇员在上班时花费大量时间去看因特网的 USENET 新闻，就可将目的端口号为 119 的出分组(outgoing packet)阻拦，使其无法发送到因特网。

阻拦出分组要麻烦些，因为有时它们不使用标准的端口号。例如 FTP 常常是动态地分配端口号。阻拦 UDP 更困难，因为事先不容易知道 UDP 想做什么。许多分组过滤路由器干脆将所有的 UDP 阻拦。

应用网关是从应用层的角度来检查每一个分组。例如，一个邮件网关在检查每一个邮件时，要根据邮件的首部或报文的大小，甚至报文的内容来确定该邮件能否通过防火墙。

第九章 无线网络

本章主要介绍无线局域网 WLAN、无线局域网 MAC 层协议、CSMA/CA 原理以及无线个人区域网 WPAN、无线城域网 WMAN 等。

第一节 无线局域网 WLAN

无线局域网(Wireless Local Area Network,WLAN)提供了移动接入的功能,使用无线局域网,不仅节省了投资,而且建网的速度也较快。

一、无线局域网的组成

无线局域网可分为有固定基础设施和无固定基础设施两大类。所谓"固定基础设施"是指预先建立起来的、能够覆盖一定地理范围的一批固定基站。大家经常使用的蜂窝移动电话就是利用电信公司预先建立的、覆盖全国的大量固定基站来接通用户手机拨打的电话。

1.采用基站的无线局域网

1)网络拓扑

1997 年 IEEE 制定出无线局域网的协议标准 802.11。2003 年 5 月,我国颁布了 WLAN 的国家标准并于 2004 年 6 月已经正式执行。它是基于国际标准的符合我国安全规范的 WLAN 标准,是属于国家强制执行标准。

802.11 是无线以太网的标准,使用星形拓扑,其中心称为接入点(Access Point,AP),在 MAC 层使用 CSMA/CA 协议。使用 802.11 系列协议的局域网又称为 Wi-Fi(Wireless-Fidelity)。因此,在许多文献中,Wi-Fi 几乎成了无线局域网 WLAN 的同义词。

802.11 标准规定无线局域网的最小构件是基本服务集(Basic Service Set,BSS)。BSS 包括一个基站和若干个移动站,所有的站在本 BSS 以内都可以直接通信,但在和本 BSS 以外的站通信时都必须通过本 BSS 的基站。在 802.11 的术语中,接入点 AP 就是基本服务集内的基站(base station)。当网络管理员安装 AP 时,必须为该 AP 分配一个不超过 32 字节的服务集标识符(Service Set IDentifier,SSID)和一个信道。一个基本服务集 BSS 所覆盖的地理范围叫作一个基本服务区(Basic Service Area,BSA),直径范围一般不超过 100m。

一个基本服务集可以是孤立的,也可通过接入点 AP 连接到一个分配系统(Distribution System,DS),然后再连接到另一个基本服务集,这样就构成了一个扩展的服务集(Extended Service Set,ESS)(图 7-1)。分配系统可以使用以太网(这是最常用的)、点对点链路或其他无线网络。扩展服务集 ESS 还可为无线用户提供到 802.x 局域网(也就是非 802.11 无线局域网)的接入。这种接入是通过 Portal(门户,作用相当于一个网桥)实现。在一个扩展服务集内的几个不同的基本服务集也可能有相交的部分。在图 9-1 中的移动站 A 如果要和另一个基本服务集中的移动站 B 通信,就必须经过两个接入点 AP_1 和 AP_2,即 $A \rightarrow AP_1 \rightarrow AP_2 \rightarrow B$。注意,从 AP_1 到 AP_2 的通信是使用有线传输的。

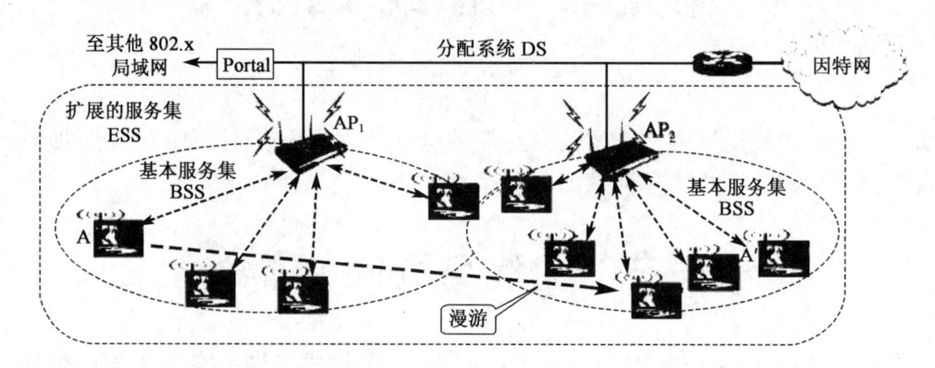

图 9-1 IEEE802.11 基本服务集 BSS 和扩张服务集 ESS

图 9-1 还给出了移动站 A 从一个基本服务集漫游到另一个基本服务集(图中的 A′),而仍然可保持与另一个移动站 B 的通信,但 A 在不同的基本服务集所使用的接入点 AP 改变了。

2)关联

802.11 标准并没有定义如何实现漫游,但定义了一些基本的工具。例如,一个移动站若要加入到一个基本服务集 BSS,就必须先选择一个接入点 AP,并与此接入点建立关联(association),表明这个移动站加入了选定的 AP 所属的子网,并和这个接入点 AP 之间创建了一个虚拟线路。只有关联的 AP 才向这个移动站发送数据帧,而这个移动站也只有通过关联的 AP 向其他站点发送数据帧。这和手机开机后必须和某个基站建立关联的概念是相似的。

此后,移动站和选定的 AP 使用 802.11 关联协议进行对话。移动站点还要向该 AP 鉴别自身。在关联阶段过后,移动站点要通过关联的 AP 向该子网发送 DHCP 发现报文以获取 IP 地址。此时,因特网中的其他部分就把这个移动站当作该 AP 子网中的一台主机。

若移动站使用重建关联(reassociation)服务,可把这种关联转移到另一个接入点。当使用分离(dissociation)服务时,可终止这种关联。

3)关联的方法

移动站与接入点有两种建立关联的方法:一是被动扫描,即移动站等待接收接入点周期性发出的(例如每秒 10 次或 100 次)信标帧(beacon frame),信标帧中包含有若干系统参数(如服务集标识符 SSID 以及支持的速率等);二是主动扫描,即移动站主动发出探测请求帧(probe request frame),然后等待从接入点发回的探测响应帧(probe response frame)。

现在许多地方,如办公室、机场、快餐店、旅馆、购物中心等都能够向公众提供有偿或无偿接入 Wi-Fi 的服务,这样的地点就叫热点(hot spot),热点也就是公众无线入网点。由许多热点和接入点 AP 连接起来的区域称为热区(hot zone)。由于无线信道的使用日益增多,因此现在也出现了无线因特网服务提供者(Wireless Internet Service Provider,WISP),用户可以通过无线信道接入到 WISP,然后再经过无线信道接入到因特网。

2. 移动自组网络

1)网络拓扑

无固定基础设施的无线局域网也称为自组网络(ad hoc network)。自组网络没有上述基本服务集中的接入点 AP,而是由一些处于平等状态的移动站之间相互通信组成临时网络。如图 9-2 所示当移动站 A 和 E 通信时,是经过 A→B、B→C、C→D 和 D→E 这样一连串的存储转发过程。因此在从源结点 A 到目的结点 E 的路径中经过的移动站 B、C 和 D 都是转发结点,这些结点都具有路由器的功能。由于自组网络没有预先建好的网络固定基础设施(基站),因此自组网络的服务范围通常是受限的,而且自组网络一般也不和外界的其他网络相连接。

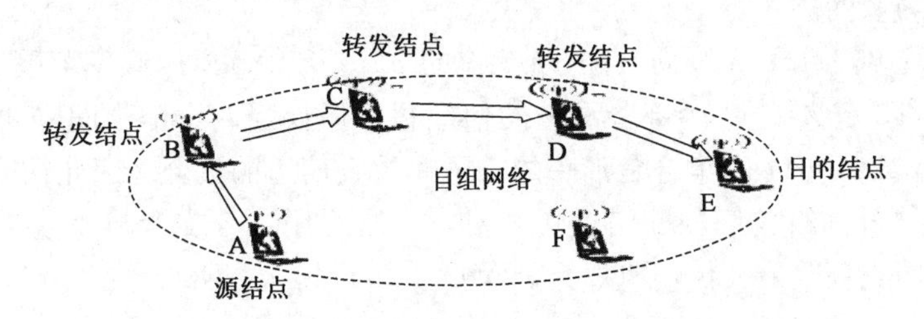

图 9-2　由处于平等状态的一些便携机构成的自组网络

2)存在的问题

(1)固定网络中行之有效的一些路由选择协议对移动自组网络已不适用。因为在自组网络中,每一个移动站都要参与到本网络中其他移动站路由的发现和维护,同时由移动站构成的网络拓扑有可能随时间变化得很快。

(2)多播。在移动自组网络中往往需要将某个重要信息同时向多个移动站传送。这种多播比固定结点网络的多播要复杂得多,需要有实时性好且效率高的多播协议。

(3)在移动自组网络中,安全问题也是一个更为突出的问题。

3)移动自组网的应用

移动自组网络在军用和民用领域都有很好的应用前景。在军事领域中,由于战场上往往没有预先建好的固定接入点,其移动站就可以利用临时建立的移动自组网络进行通信。这种组网方式也能够应用到作战的地面车辆群和坦克群,以及海上的舰艇群、空中的机群。由于每一个移动设备都具有路由器转发分组的功能,因此分布式的移动自组网络的生存性非常好。在民用领域,持有笔记本电脑的人可以利用这种移动自组网络方便地交换信息,而不受便携式电脑附近没有电话线插头的限制。当出现自然灾害时,事先建好的固定网络基础设施(基站)可能已经被破坏,在抢险救灾时利用移动自组网络进行及时的通信往往也是很有效的。

二、802.11 局域网的物理层

根据物理层的不同(如工作频段、数据率、调制方法等),802.11 无线局域网可细分为不同的类型。现在最流行的无线局域网是 802.11b,而另外两种(802.11a 和 802.11g)的产品也广泛存在。表 9-1 是这三种无线局域网的简单比较。

表 9-1　几种常用的 802.11 无线局域网

标准	频段	数据速率	物理层	优缺点
802.11b	2.4GHz	最高为 11Mb/s	HR-DSSS	最高数据率较低,价格最低,信号传播距离最远,且不易受阻碍
802.11a	5GHz	最高为 54Mb/s	OFDM	最高数据率较高,支持更多用户同时上网,价格最高,信号传播距离较短,且易受阻碍
802.11g	2.4GHz	最高为 54Mb/s	OFDM	最高数据率高,支持更多用户同时上网,信号传播距离最远,且不易受阻碍,价格比 802.11b 贵

以上三种标准都使用共同的媒体接入控制协议,都可以用于有固定基础设施的或无固定基础设施的无线局域网。

对于最常用的 802.11b 无线局域网,所工作的 2.4～2.485GHz 频率范围中有 85MHz 的带宽可用。802.11b 定义了 11 个部分重叠的信道集。但仅当两个信道间隔 4 个信道时才不会重叠,因此信道 1、6 和 11 的集合是唯一的三个非重叠信道的集合。因此在同一个位置上可以设置三个 AP,并分别给它们分配信道 1、6 和 11,然后用一个交换机把这三个 AP 连接起来。这样就可以构成一个最大传输速率为 33Mb/s 的无线局域网。

三、802.11 局域网的 MAC 层协议

在无线局域网的环境下不能简单地搬用 CSMA/CD 协议,特别是碰撞检测部分。

(1)在无线局域网的适配器上,接收信号的强度往往会远小于发送信号的强度,因此若要实现碰撞检测,那么在硬件上需要的花费就会过大。

(2)"所有站点都能够听见对方"是实现 CSMA/CD 协议必须具备的条件。然而,在无线局域网中,并非所有的站点都能够听见对方。

下面用图 9-3 的例子来说明这点。虽然无线电波能够向所有方向传播,但其传播距离受限,而且当电磁波在传播过程中遇到障碍物时,其传播距离就更短。图 9-3 中有四个无线移动站,并假定无线电信号传播的范围是以发送站为圆心的一个圆形面积。

图 9-3(a)表示站点 A 和 C 都想和 B 通信,但 A 和 C 相距较远,彼此都听不见对方。当 A 和 C 检测到信道空闲时,都向 B 发送数据,结果发生了碰撞。这种未能检测出信道上其他站点信号的问题叫隐蔽站问题。

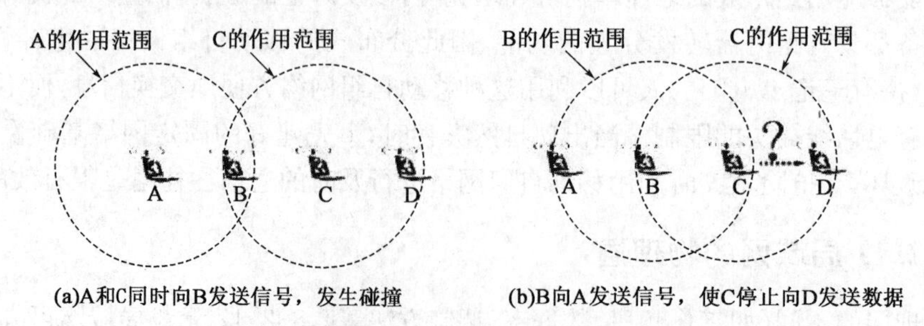

图 9-3　无线局域网中的站点有时听不见对方

当移动站之间有障碍物时也有可能出现上述问题。例如,三个站点 A、B 和 C 彼此距离都

差不多，相当于在一个等边三角形的三个顶点。但A和C之间有一个座山，因此A和C彼此都听不见对方。若A和C同时向B发送数据就会发生碰撞，使B无法正常接收。

图9-3(b)给出了另一种情况。站点B向A发送数据，而C又想和D通信。但C检测到信道忙，于是就停止向D发送数据，其实B向A发送数据并不影响C向D发送数据(如果这时不是B向A发送数据而是A向B发送数据，则当C向D发送数据时就会干扰B接收A发来的数据)。这就是暴露站问题。

由此可见，无线局域网可能出现检测错误的情况：检测到信道空闲，其实并不空闲；而检测到信道忙，其实并不忙。

既然无线局域网不能使用碰撞检测，那么就应当尽量减少碰撞的发生。为此，802.11委员会对CSMA/CD协议进行了修改，把碰撞检测改为碰撞避免(Collision Avoidance，CA)，碰撞避免的思路是协议的设计要尽量减少碰撞发生的概率。

在无线局域网中，即使在发送过程中发生了碰撞，也要把整个帧发送完毕。因此在无线局域网中一旦出现碰撞，在这个帧的发送时间内信道资源都被浪费了。

802.11局域网在使用CSMA/CA的同时还使用停止等待协议。这是因为无线信道的通信质量远不如有线信道，因此无线站点每通过无线局域网发送完一帧后，要等到收到对方的确认帧后才能继续发送下一帧，叫链路层确认。

四、802.11局域网的MAC帧

802.11帧共有三种类型，即控制帧、数据帧和管理帧。通过下面图9-4所介绍的802.11局域网数据帧的主要字段，可以进一步了解802.11局域网的MAC帧的特点。

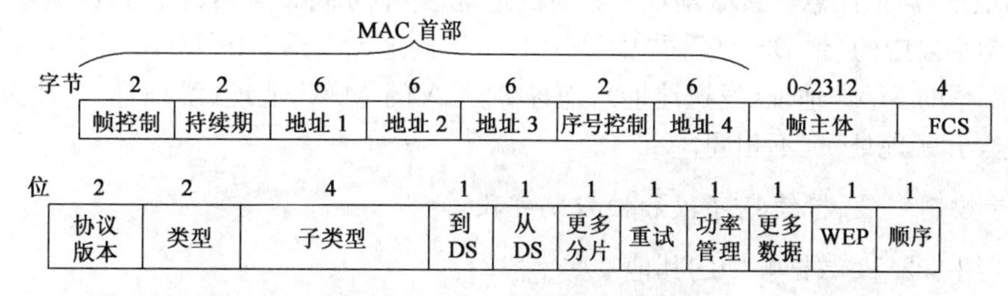

图9-4　802.11局域网的数据帧

从图9-4可以看出，802.11数据帧由以下三大部分组成：

(1)MAC首部，共30字节。帧的复杂性都在帧的首部。

(2)帧主体，也就是帧的数据部分，不超过2312字节。这个数值比以太网的最大长度大很多。不过802.11帧的长度通常都是小于1500字节。

(3)帧检验序列FCS是尾部，共4字节。

1.802.11数据帧的地址

802.11数据帧最特殊的地方就是有四个地址字段。地址4用于自组网络。下面只讨论前三种地址，这三个地址的内容取决于帧控制字段中的“到DS”(到分配系统)和“从DS”(从分配系统)这两个子字段的数值。这两个子字段各占1位，合起来共有4种组合，用于定义802.11帧中的几个地址字段的含义。

表 9-2 给出的是 802.11 帧的地址字段最常用的两种情况(都只使用前三种地址,而不使用地址 4)。

表 9-2 802.11 帧的地址字段最常用的两种情况

到 DS	从 DS	地址 1	地址 2	地址 3	地址 4
0	1	目的地址	AP 地址	源地址	—
1	0	AP 地址	源地址	目的地址	—

现结合图 9-5 的例子进行说明。站点 A 向 B 发送数据帧,首先由站点 A 把数据帧发送到接入点 AP_1,然后由 AP_1 把数据帧发送给站点 B。

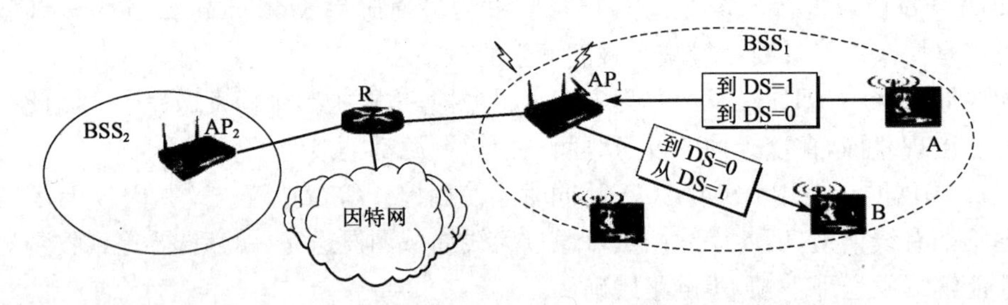

图 9-5 A 向 B 发送数据帧必须先发送到接入点 AP_1

当站点 A 把数据帧发送给 AP_1 时,帧控制字段中的“到 DS=1”而“从 DS=0”。因此地址 1 是 AP_1 的 MAC 地址(接收地址),地址 2 是 A 的 MAC 地址(源地址),地址 3 是 B 的 MAC 地址(目的地址)。请注意,“接收地址”与“目的地址”并不等同。当 AP_1 把数据帧发送给站点 B 时,帧控制字段中的“到 DS=0”而“从 DS=1”。因此地址 1 是 B 的 MAC 地址(目的地址),地址 2 是 AP_1 的 MAC 地址(发送地址),地址 3 是 A 的 MAC 地址(源地址)。注意,上述的“发送地址”与“源地址”也不相同。

2. 序号控制字段、持续期字段和帧控制字段

下面介绍 802.11 数据帧中的其他一些字段。

(1)序号控制字段占 16 位,其中序号子字段占 12 位,分片子字段占 4 位。序号控制的作用是使接收方能够区分新传送的帧和因出现差错而重传的帧。

(2)持续期字段占 16 位。CSMA/CA 协议允许传输站点预约信道一段时间,这个时间就是写入到持续期字段中。

(3)帧控制字段共分为 11 个子字段。下面介绍其中较为重要的几个。

协议版本字段:现在是 0。

类型字段和子类型字段:用来区分帧的功能。802.11 帧共有三种类型:控制帧、数据帧和管理帧,而每一种帧又分为若干种子类型。

更多分片字段置为 1 时表明这个帧属于一个帧的多个分片之一。

有线等效保密字段(Wired Equivalent Privacy,WEP)占 1 位。若 WEP=1,就表明采用了 WEP 加密算法。

第二节　无线个人区域网 WPAN

无线个人区域网(Wireless Personal Area Network,WPAN)就是在个人工作地方把属于个人使用的电子设备(如便携式电脑、掌上电脑、便携式打印机以及蜂窝电话等)用无线技术连接起来的自组网络,不需要使用接入点 AP,整个网络的范围大约在 10m,是一个低功率、小范围、低速率和低价格的电缆替代技术。WPAN 采用 IEEE 的 802.15 标准(包括 MAC 层和物理层),WPAN 都工作在 2.4GHz 的 ISM 频段。

一、蓝牙系统

最早使用的 WPAN 是 1994 年爱立信公司推出的蓝牙(Bluetooth)系统,其标准为 IEEE 802.15.1。蓝牙的数据率为 720kb/s,通信范围约 10m。蓝牙使用 TDM 方式和扩频跳频 FHSS 技术组成不用基站的皮可网,每一个皮可网有一个主设备(Master)和最多 7 个工作的从设备(Slave)。通过共享主设备或从设备,可以把多个皮可网链接起来,形成一个范围更大的扩散网。

图 9-6 给出了蓝牙系统中的皮可网和扩散网的概念。图中标有 M 和 S 的小圆圈分别表示主设备和从设备,而标有 P 的小圆圈表示不工作搁置(Parked)的设备。一个皮可网最多可以有 255 个搁置的设备。

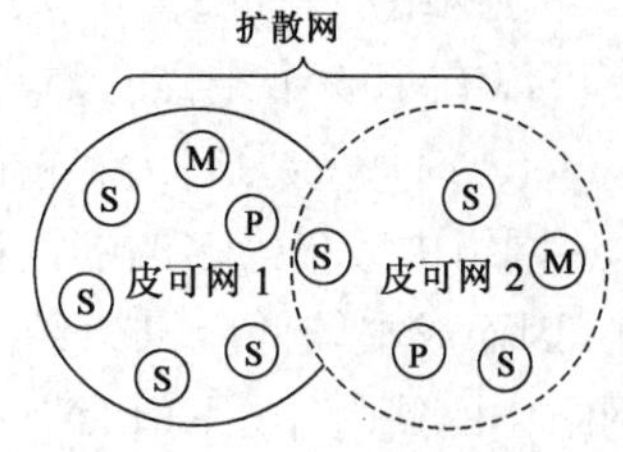

图 9-6　蓝牙系统中的皮可网和扩散网

为了适应不同用户的需求,WPAN 还定义了另外两种低速 WPAN 和高速 WPAN。

二、低速 WPAN-ZigBee

低速 WPAN 主要应用于工业监控组网、办公自动化与控制等领域,其速率为 2～250kb/s。低速 WPAN 的标准是 IEEE802.15.4。最近新修订的标准是 IEEE802.15.4-2006。在低速 WPAN 中最重要的就是 ZigBee。ZigBee 名字来源于蜂群使用的赖以生存和发展的通信方式。蜜蜂通过跳 Z 形(即 ZigZag)舞蹈,通知其伙伴所发现的新食物源的位置、距离和方向等信息,因此就把 ZigBee 作为新一代无线通信技术的名称。ZigBee 技术主要用于各种电子设备(固定的、便携的或移动的)之间的无线通信,其主要特点是通信距离短(10～80m),传输数据速率低,并且成本低廉。

ZigBee 的另一个特点是功耗非常低。在工作时,信号的收发时间很短;而在非工作时,ZigBee 结点处于休眠状态(处于这种状态的时间一般都远远大于工作时间)。这就使得 ZigBee 结点非常省电,其结点的电池工作时间可以长达 6 个月到 2 年。对于某些工作时间和总时间(工作时间+休眠时间)之比小于 1%的情况,电池的寿命甚至可以超过 10 年。

ZigBee 网络容量大。一个 ZigBee 的网络最多包括有 255 个结点,其中一个是主设备(Master),其余则是从设备(Slave)。若是通过网络协调器(Network Coordinator),整个网络最多可以支持超过 64000 个结点。

图 9-7 是 ZigBee 的协议栈。可以看出,IEEE802.15.4 只是定义了 ZigBee 协议栈最低

图 9－7　ZigBee 的协议栈

的两层（物理层和 MAC 层），而上面的两层（网络层和应用层）则是由 ZigBee 联盟定义的[W-ZigBee]。在一些文献中可以见到"ZigBee/802.15.4"的写法，这就表示 ZigBee 标准是由两个不同的组织制定的。

IEEE802.15.4 的物理层定义了表 9－3 所示的三个频段（免费开放）。

表 9－3　IEEE802.15.4 物理层使用的三个频段

频段	数据率	信道数
2.4GHz（全球）	250kb/s	16
915MHz（美国）	40kb/s	10
868MHz（欧洲）	20kb/s	1

在 MAC 层，主要沿用 802.11 无线局域网标准的 CSMA/CA 协议。在传输之前，先检查信道是否空闲，若信道空闲，则开始进行数据传输，若产生碰撞，则推后一段时间重传。

在网络层，ZigBee 可采用星形和网状拓扑，或两者的组合（图 9－8）。一个 ZigBee 网络最多可以有 255 个结点。ZigBee 的结点按功能的强弱可划分为两大类，即全功能设备（Full-Function Device，FFD）和精简功能设备（Reduced-Function Device，RFD）。RFD 结点是 ZigBee 网络中数量最多的端设备（如图 7－15 中的 9 个黑色小圆点），其电路简单，存储容量较小，因而成本较低。FFD 结点具备控制器（Controller）的功能，能够提供数据交换，是 ZigBee 网络中的路由器。RFD 结点只能与处在该星形网中心的 FFD 结点交换数据。在一个 ZigBee 网络中有一个 FFD 充当该网络的协调器（coordinator）。协调器负责维护整个 ZigBee 网络的结点信息，同时还可以与其他 ZigBee 网络的协调器交换数据。通过各网络协调器的相互通信，可以得到覆盖范围更广，超过 65000 个结点的 ZigBee 网络。

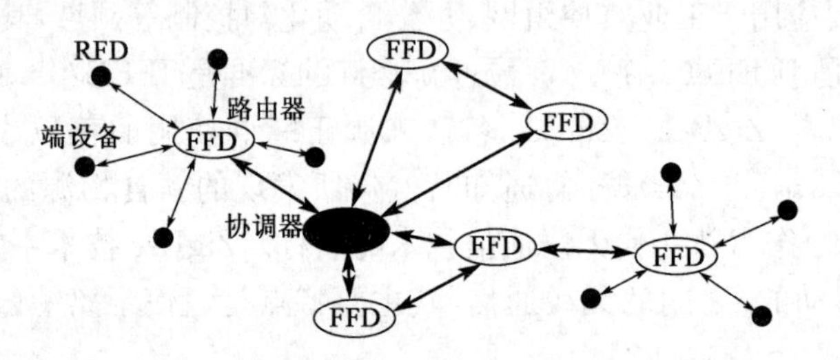

图 9－8　ZigBee 的组网方式

三、高速 WPAN

高速 WPAN 的标准是 IEEE 802.15.3，是专为在便携式多媒体装置之间传送数据而制定的。标准支持 11～55Mb/s 的数据率，因此在个人数码设备日益增多的情况下，得到越来越广泛的应用。例如，使用高速 WPAN 可以不用连接线就把 PC 机和在同一间屋子里的打印机、扫描仪、外接硬盘，以及各种消费电子设备连接起来。别人使用数码摄像机拍摄的视频节目，可以不用连接线就能复制到你的数码摄像机的磁带上。在会议厅中的便携式电脑可以不用连接线就能通过投影机把制作好的幻灯片投影到大屏幕上。

IEEE 802.15.3a 工作组提出了更高数据率的物理层标准，用以替代高速 WPAN 的物理层，从而构成超高速 WPAN，使用超宽带 UWB 技术，工作在 3.1～10.6GHz 微波频段。超宽带技术使用了瞬间高速脉冲，因此信号的频带很宽，可支持 100～400Mb/s 的数据率，可用于小范围内高速传送图像或 DVD 质量的多媒体视频文件。

第三节　无线城域网 WMAN

2002 年 4 月通过了 802.16 无线城域网（Wireless Metropolitan Area Network，WMAN）的标准（又称为 IEEE 无线城域网空中接口标准）。欧洲的 ETSI 也制定类似的无线城域网标准 HiperMAN。于是近几年无线城域网 WMAN 又成为无线网络中的一个热点。WMAN 可提供“最后一英里”的宽带无线接入（固定的、移动的和便携的）。在许多情况下，无线城域网可用来代替现有的有线宽带接入，因此它有时又称为无线本地环路（wireless local loop）。

无线城域网共有两个正式标准：一是 2004 年 6 月通过的 802.16 的修订版本，即 802.16d，是固定宽带无线接入空中接口标准（2～66GHz 频段）；二是 2005 年 12 月通过的 802.16 的增强版本，即 802.16e，是支持移动性的宽带无线接入空中接口标准（2～6GHz 频段），可向下兼容 802.16d。图 9－9 是表示 802.16 无线城域网服务范围的示意图。

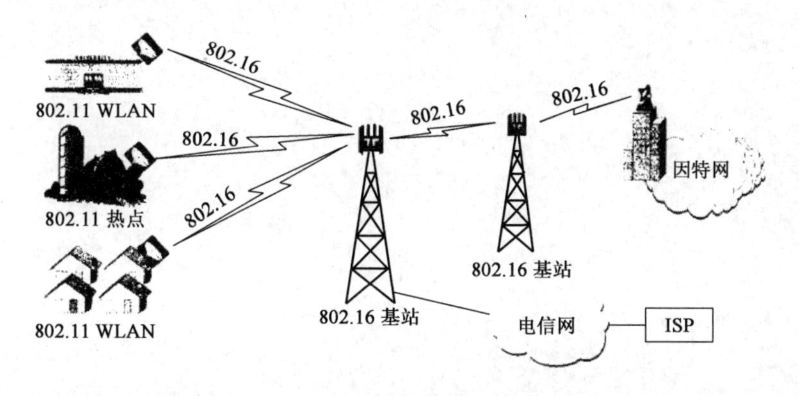

图 9－9　802.16 无线城域网服务范围的示意图

另外，802.16 可覆盖一个城市的部分区域，通信的距离变化很大（远的可达 50km），因此接收到的信号功率和信噪比等也会有很大的差别，这就要求有多种的调制方法。因此工作在毫米波段的 802.16 必须有不同的物理层。802.16 的基站可能需要多个定向天线，指向对应的接收点。由于天气条件（雨、雪、雹、雾等）对毫米波传输的影响较大，因此与室内工作的无线局域网相比时，802.16 对差错的处理也更为重要。

图 9－10 的横坐标是网络的覆盖范围，纵坐标是用户数据率。图中画出了本章所介绍的几种无线网络的大致位置。图中还给出了第二代（2G）移动蜂窝电话通信（就是现在最流行的手机通信），以及第三代（3G）或第四代（4G）移动通信的大致位置作为参考。

第一代（1G）和第二代（2G）移动蜂窝电话通信和计算机网络并没有什么关联，因为它们都是使用传统的电路交换通信方式。在话音编码方面，1G 是模拟编码，而 2G 则采用了更先进

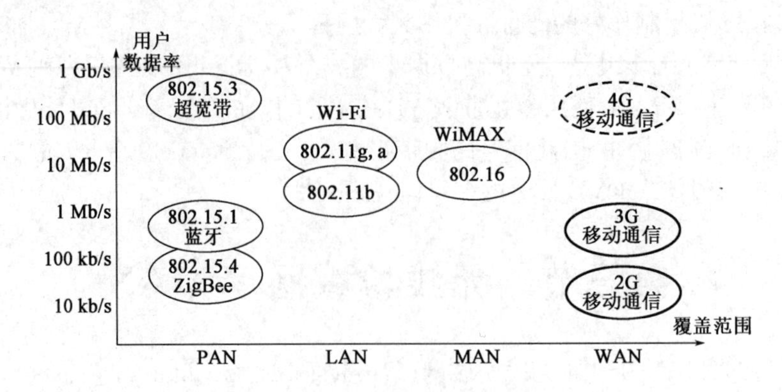

图 9-10　几种无线网络的比较

的数字编码。第三代(3G)移动通信和计算机网络就离得更近了,因为它使用 IP 的体系结构和混合的交换机制(电路交换和分组交换),能够提供多媒体业务(话音、数据、视频等),可收发电子邮件、浏览网页、进行视频会议等。第四代(4G)移动通信(图 9-10 中用虚线椭圆表示)在各方面提供的服务都优于 3G,其可提供更高带宽的、端到端的 IP 流媒体服务(采用分组交换),以及随时随地的移动接入。

参 考 文 献

[1] 王路群. 计算机网络基础及应用[M]. 第 4 版. 北京:电子工业出版社,2016.

[2] 董晓丹. 路由与交换技术[M]. 北京:电子工业出版社,2015.

[3] 贾铁军. 网络安全技术及应用[M]. 第 2 版. 北京:机械工业出版社,2014.

[4] 谢西仁. 计算机网络教材[M]. 第 5 版. 北京:电子工业出版社,2008.

[5] 程书红,张智. 计算机网络基础[M]. 北京:电子工业出版社,2015.

[6] 胡伏湘. 计算机网络技术实用教程[M]. 北京:电子工业出版社,2015.

[7] Tanenbaum Andrew S. 计算机网络[M]. 第 4 版. 北京:清华大学出版社,2008.

[8] 石志国. 计算机网络安全教程[M]. 第 2 版. 北京:清华大学出版社,2011.

[9] 吴功宜,吴英. 计算机网络应用技术教程[M]. 第 4 版. 北京:清华大学出版社,2014.

[10] 郑化浦. 计算机网络技术实用宝典[M]. 第 3 版. 北京:中国铁道出版社,2016.